普通高等教育电子信息类系列教材

ARM Cortex – A9 嵌入式技术教程

主　编　张　石
副主编　佘黎煌　鲍喜荣　张新宇

机 械 工 业 出 版 社

本书全面、系统地介绍了嵌入式系统中广泛使用的 ARM 处理器及最新的 ARM Cortex－A 系列处理器，主要内容包括 ARM 处理器体系结构和指令系统；基于 ARM Cortex－A9 内核的 Exynos4412 处理器；基于 Exynos4412 处理器的 FS4412 实验教学系统；Linux 程序开发；基于 FS4412 实验教学平台的嵌入式 Linux 应用程序和驱动程序的开发；ARM Cortex－A 系列处理器应用案例。

本书内容全面，所列举的程序实例具有典型性，并且全部经过调试，有很高的参考价值。

本书可作为高等院校电子信息类专业、计算机科学与技术专业高年级学生和研究生的教材，也可作为嵌入式系统工程技术人员的参考用书。

图书在版编目（CIP）数据

ARM Cortex－A9 嵌入式技术教程/张石主编．—北京：机械工业出版社，2017.12（2025.1重印）

普通高等教育电子信息类系列教材

ISBN 978-7-111-59764-3

Ⅰ．①A…　Ⅱ．①张…　Ⅲ．①微处理器-高等学校-教材　Ⅳ．①TP332

中国版本图书馆 CIP 数据核字（2018）第 082828 号

机械工业出版社（北京市百万庄大街22号　邮政编码100037）
策划编辑：徐　凡　责任编辑：徐　凡　王玉鑫
责任校对：张　薇　责任印制：单爱军
北京虎彩文化传播有限公司印刷
2025 年 1 月第 1 版第 7 次印刷
184mm×260mm · 14 印张 · 337 千字
标准书号：ISBN 978-7-111-59764-3
定价：35.00 元

电话服务　　　　　　　　网络服务
客服电话：010-88361066　　机　工　官　网：www.cmpbook.com
　　　　　010-88379833　　机　工　官　博：weibo.com/cmp1952
　　　　　010-68326294　　金　书　网：www.golden-book.com
封底无防伪标均为盗版　机工教育服务网：www.cmpedu.com

前　　言

本书以嵌入式系统的开发为主线，全面、系统地讲述了嵌入式系统开发的基本知识、基本流程和基本方法，并以三星公司的基于 ARM Cortex – A9 内核的 Exynos4412 处理器和华清远见公司的 FS4412 实验教学系统为硬件平台，介绍了嵌入式系统的软硬件开发过程。

本书力求实用，侧重于嵌入式系统的开发过程，力争能够指导学生进行一个完整的嵌入式系统开发。

本书共分 9 章，各章的具体内容如下：

第 1 章介绍了 ARM 公司及其处理器的发展历史、现状和未来发展趋势，ARM 公司的主流处理器架构及 Cortex 系列处理器。最后给出了 ARM 处理器选型中需要考虑的基本因素。

第 2 章介绍了 ARM 处理器体系结构的发展和特征、处理器的工作状态、寄存器组织、异常处理和 ARM Cortex – A9 内核架构等内容。

第 3 章介绍了 ARM 处理器的寻址方式，ARM 指令系统的基本格式、各种指令，ARMv4T 版本以后新增的指令以及指令的应用场合及方法。

第 4 章介绍了基于 ARM Cortex – A9 内核的 Exynos4412 处理器内核单元，Exynos4412 处理器片内外设的一些特性以及功能模块。

第 5 章介绍了 FS4412 实验教学系统的硬件资源，以及各功能模块单元中所用的芯片及其特征，并详细介绍了实验教学系统的硬件设计，包括存储系统、电源和时钟系统、LCD 及触摸屏人机接口系统等，以及多种通信接口的应用电路。

第 6 章介绍了 Exynos4412 处理器最基本的部件编程，包括处理器的 GPIO、中断控制器、异步通信、定时器、MMU 的编程方法和实例。

第 7 章介绍了 Linux 开发中常用的应用程序和驱动程序设计技巧，包括文件操作、线程创建及同步以及进程通信等，并介绍了 Linux 驱动程序设计的框架和流程，给出了具体实例。

第 8 章介绍了嵌入式 Linux 目标平台运行环境的建立，包括交叉编译工具的安装、引导程序 BootLoader、内核和根文件系统的编译，并通过具体的驱动程序案例，介绍了微处理器硬件部件驱动程序的基本设计思想。

第 9 章以 ARM Cortex – A9 及更高版本的 ARM 处理器为基础，介绍了几种系统应用案例，包括华为荣耀畅玩 5x 手机、网络机顶盒等。

附录介绍了 ARM 处理器的 CP15 协处理器使用的指令和寄存器。

本书的编写是在多轮教学实践的基础上完成的。本书内容充实，重点突出，阐述循序渐进，由浅入深。各章均安排了丰富的思考题，便于学生自学和自测。

本书的编写得到了东北大学研究生院的"东北大学研究生教育科研计划教学立项"和东北大学计算机科学与工程学院本科教学改革研究项目的支持。

本书采用了华清远见公司的 FS4412 实验教学系统，该公司为作者提供了大量的技术资料和技术支持。本书在编写过程中，还参考了参考文献所列论著的有关内容及网上相关资料。在此向相关公司和论著作者一并表示衷心的感谢。

　　本书的主编为张石，副主编为佘黎煌、鲍喜荣、张新宇，姚定界、闫鑫、李玉珍、杨朝晖参加了本书有关资料的收集整理工作。

　　由于编者水平有限，加上时间仓促，书中难免有一些错误和不足之处，恳请各位专家和读者批评指正。

编　者

目　　录

第1章 ARM 嵌入式技术概论

1.1 ARM 处理器的历史及发展

嵌入式技术是当前微电子技术与计算机技术结合的技术，以嵌入式计算机为核心的嵌入式系统是继 IT 网络技术之后信息技术又一个新的发展方向。嵌入式系统是"量身定做"的"专用计算机应用系统"，由嵌入式硬件和嵌入式软件组成。嵌入式系统硬件的核心是嵌入式微处理器，嵌入式系统软件主要包括嵌入式应用软件和嵌入式操作系统。

ARM 即 Advanced RISC Machines 的缩写，具有多种含义。它既可以代表一个公司的名字，也可以代表微处理器内核，即 ARM 公司设计的知识产权（IP）核——ARM 核，还可以代表一类嵌入式处理器，即使用 ARM 核的嵌入式微处理器——ARM 处理器。当前，ARM 处理器凭借其卓越的性能和显著的优点，已经成为高性能、低功耗、低成本嵌入式处理器的代名词，得到了众多的半导体厂家和整机厂商的大力支持。

1990 年，Advanced RISC Machines Limited 在英国剑桥成立，后来简称为 ARM Limited，即 ARM 公司。ARM 公司是设计公司，专门从事基于 RISC 芯片技术开发，是知识产权（IP）供应商。

ARM 公司本身不直接从事芯片生产，主要出售芯片设计技术的授权。世界各大半导体生产商从 ARM 公司购买其设计的 ARM 微处理器核，再根据各自不同的应用领域加入适当的外围电路，从而形成自己的 ARM 微处理器芯片进入市场。目前，全世界有几十家大的半导体公司使用 ARM 公司的授权，因此不仅使得 ARM 技术获得更多的第三方工具、制造、软件的支持，又使整个系统成本降低，使产品更容易进入市场被消费者所接受，更具有竞争力。ARM 公司于 1993 年开发了 ARM7 系列处理器内核，随后相继推出了 ARM9 系列、ARM9E 系列、ARM10E 系列、ARM11 系列、Cortex 系列、SecurCore 系列处理器。

ARM7、ARM9、ARM11 都是经典系列，也就是上一代处理器，其中 ARM9、ARM11 架构被采用得比较多，有不少中端 MID 平板电脑的处理器采用这种架构。新的 ARM Cortex 处理器系列包括了 ARMv7 架构的所有系列，分为 A、R、M 三类，旨在为各种不同的市场提供服务。Cortex - A 系列针对日益增长的且运行 Linux、Windows CE 和 Symbian 操作系统的消费娱乐产品和无线产品；Cortex - R 系列针对需要运行实时操作系统来进行控制应用的系统，包括汽车电子、网络和影音系统；Cortex - M 系列则是为那些对开发费用非常敏感，同时对性能要求不断增加的微控制器应用所设计的。Cortex 系列处理器的发展路线如图 1-1 所示。

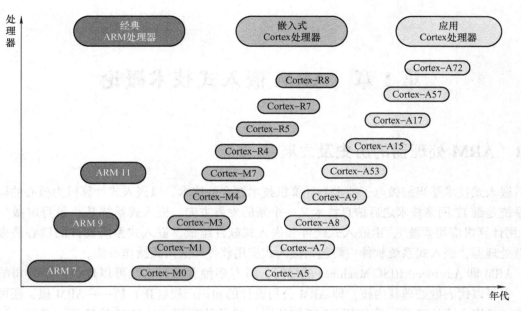

图 1-1   Cortex 系列处理器发展路线

1.2   ARM 处理器简介

1.2.1   ARM 处理器特征

ARM 内核采用精简指令集计算机（RISC）体系结构。ARM 处理器的主要特征如下：

1）采用大量的寄存器，它们都可以用于多种用途。

2）每条指令都可以有条件执行。

3）能够在单时钟周期执行的单条指令内完成一项普通的移位操作和一项普通的 ALU 操作。

4）通过协处理器指令集来扩展 ARM 指令集，包括在编程模式中增加了新的寄存器和数据类型。

5）ARM 内核增加了一套称为 Thumb 指令的 16 位指令集，使得内核既能够执行 16 位指令，也能够执行 32 位指令，从而增强了 ARM 内核的功能。

1.2.2   ARM 处理器架构

目前，ARM 设计的处理器体系结构已经从 v1 发展到了 v8，ARM 处理器的架构见表 1-1。

表 1-1   ARM 处理器的架构

架构	处理器系列
ARMv1	ARM1
ARMv2	ARM2、ARM3
ARMv3	ARM6、ARM7

（续）

架构	处理器系列
ARMv4	StrongARM、ARM7TDMI、ARM9TDMI
ARMv5	ARM7EJ、ARM9E、ARM10E、XScale
ARMv6	ARM11、ARM Cortex－M
ARMv7	ARM Cortex－A、ARM Cortex－M、ARM Cortex－R
ARMv8	Cortex－A57、Cortex－A72

ARM 早期的几款内核架构已经被后来的新架构所取代，目前主流的架构有 ARMv4、ARMv5、ARMv6、ARMv7 以及最新的 ARMv8 等，基于这 5 种架构的 ARM 微处理器又可分为 ARM7（不包括 v3 架构部分）、ARM9、ARM9E、ARM10E、ARM11 以及 Cortex－A/M/R 等主流系列。

1.2.3 Cortex 处理器架构

Cortex 系列处理器基于 ARMv7 架构和最新的 ARMv8 架构。下面对这两种新的架构进行简单介绍。

新一代 ARMv7 架构是在 ARMv6 架构的基础上诞生的，该架构采用了 Thumb－2 技术，它是在 ARM 的 Thumb 代码压缩技术的基础上发展起来的，并且保持了对现存 ARM 解决方案完整的代码兼容性。Thumb－2 技术比纯 32 位代码少使用 31% 的内存，减小了系统开销，同时比已有的基于 Thumb 技术的解决方案高出 38% 的性能。ARMv7 架构还采用了 NEON 技术，将 DSP 和媒体处理能力提高了近 4 倍，并支持改良的浮点运算，满足下一代 3D 图形、游戏物理应用及传统嵌入式控制应用的需求。

最新的 ARMv8 架构基于 32 位的 ARMv7 架构，包含两个主要的执行状态：AArch64 和 AArch32。AArch64 执行状态针对 64 位处理技术，引入了一个全新的指令集 A64，且支持现有的 ARM 指令集。ARMv8 将 64 位架构支持引入 ARM 架构中，保留了 TrustZone 安全执行环境、虚拟化、NEON（高级 SIMD）等 ARMv7 的关键技术特性，应用于有更高要求的产品领域，如企业应用、高档消费电子产品等。

1.3 ARM 处理器系列

目前的 ARM 处理器主要包括 Classic ARM 处理器、Cortex－A 系列处理器、Cortex－M 系列处理器、Cortex－R 系列处理器以及 SecurCore 系列处理器。Cortex－A 系列处理器是针对尖端的基于虚拟内存的操作系统和用户应用设计的，Cortex－M 系列处理器对微控制器和低成本应用提供优化，Cortex－R 系列处理器是面向实时系统的。

1.3.1 Classic ARM 处理器

虽然 Classic ARM 处理器的推出时间已超过 15 年，但是 ARM7TDMI 仍是市场上销量最高的 32 位处理器，占据目前市场上销售的所有 32 位处理器市场份额的四分之一，所以该类产品仍处于核心地位。

Classic ARM 处理器由三个处理器系列组成：

1）ARM7 系列：ARM7TDMI－S 和 ARM7EJ－S 处理器。

2）ARM9 系列：ARM926EJ－S、ARM946E－S 和 ARM968E－S 处理器。

3）ARM11 系列：ARM1136J（F）－S、ARM1156T2（F）－S、ARM1176JZ（F）－S 和 ARM11MPCore 处理器。

各系列处理器的说明见表1-2。在新的设计中可以采用更高性能的 Cortex 系列处理器代替相应的 Classic ARM 处理器，具体替代关系也在表1-2 中给出。

表1-2　Classic ARM 各系列处理器说明

系列	处理器	说　　明	Cortex 替代产品
ARM11	ARM11MPCore	率先采用了多核技术，并继续为各种不同的应用场合授权，包括手机、导航设备等等	Cortex－A9 Cortex－A5
	ARM1176JZ（F）-S	是 Classic ARM 系列中的最高性能单核处理器，它引入了 Trust-Zone 技术，从而可以在恶意代码所及范围之外安全执行操作。它在各种不同的应用领域得到广泛授权，可用于当今主流品牌的手机、机顶盒、数字电视、高端相框和其他众多应用领域	Cortex－A9 Cortex－A8 Cortex－A5
	ARM1156T2（F）－S	是最高性能的实时 Classic ARM 处理器，它首次引入了 Thumb－2 指令集架构。该处理器在高性能确定性控制系统（例如汽车、工业控制和机器人解决方案）中很有用	Cortex－R4
	ARM1136J（F）－S	除扩展流水线、频率和性能之外，ARM1136J（F）-S 在许多方面都与 ARM926EJ－S 相似。该处理器还引入了基本单指令多数据（Single Instruction Multiple Data，SIMD）指令来提高编解码器性能，并提供可选浮点支持	Cortex－A5
ARM9	ARM968E－S	面积最小，功耗最低的 ARM9 处理器是众多实时类型应用的理想之选。通过可轻松从标准接口集成的紧密耦合内存，该处理器可高效工作	Cortex－R4
	ARM946E－S	包含可选 cache 接口以及完整的内存保护单元的实时处理器，对于大部分代码位于主存储器中的应用，该处理器非常有用。它按需加载到 cache 中，同时关键的异常处理代码和数据仍本地保留在紧密耦合内存中	Cortex－R4
	ARM926EJ－S	是入门级处理器。可支持完全版操作系统，包括 Linux、Windows CE 和 Symbian。因此，该处理器是众多需要完整图形用户界面应用的理想之选	Cortex－A5
ARM7	ARM7TDMI－S	是出色的重负荷处理器，适用于众多应用领域，该处理器通常用于手机，现在广泛用于移动和非移动应用领域	Cortex－M3 Cortex－M0

1.3.2　Cortex－A 系列处理器

Cortex－A 系列处理器提供了一系列用于执行复杂计算任务的解决方案，例如它支持多个操作系统（OS）平台以及多个软件应用程序的设备解决方案。另一方面，Cortex－A 系列处理器在功耗和兼容性方面也拥有显著的优势。

　　Cortex - A 系列包括高性能的 Cortex - A17、成熟的 Cortex - A15、被广泛运用的 Cortex -
A9 和高效率的 Cortex - A7、Cortex - A5 处理器，这些处理器都使用相同的 ARMv7 - A 架构，
因此它们对应用程序具有良好的兼容性，包括对传统的 ARM、Thumb 和高性能的 Thumb - 2
指令集的支持。采用 ARMv8 - A 架构的 Cortex - A72、Cortex - A57、Cortex - A53 和 Cortex -
A35 处理器都支持 64 位计算。ARMv8 - A 架构还拥有一个专门的执行状态，允许它来处理
传统的 ARM32 位应用程序。这提供了对现有的 32 位生态系统升级的较好方法，并确保 64
位的生态系统是向后兼容的。

　　Cortex - A 系列的处理器众多，本节只对最新的 Cortex - A72、成熟的 Cortex - A15 和被
广泛运用的 Cortex - A9 处理器作简单介绍。读者如需要其他处理器的详细信息可以自行到
ARM 公司官网（www. arm. com）查阅相关资料。

1. Cortex - A9 处理器

　　Cortex - A9 处理器是低功耗、散热良好、成本要求高的设备上的通用选择，例如智能手
机、数字电视等，并且消费者和企业也将其应用在实现物联网上。

　　Cortex - A9 多核处理器是首款结合了 Cortex 应用级架构以及具有可扩展性能的多处理能
力的 ARM 处理器，其提供了下列增强的多核技术：

　　1）加速器一致性端口（ACP），用于提高系统性能和降低系统能耗。

　　2）先进总线接口单元（Advanced Bus Interface Unit），用于在高带宽设备中实现低延迟
时间。

　　3）多核 TtustZone 技术，结合中断虚拟，允许基于硬件的安全和加强的类虚拟（para-
virtualization）解决方案。

　　4）通用中断控制器（GIC），用于软件移植和优化的多核通信。

　　Cortex - A9 处理器的基本信息见表 1-3。

表 1-3　Cortex - A9 处理器的基本信息

项　　目	采用的技术
体系结构	ARMv7 - A Cortex
Dhrystone 性能	每个内核 2. 50 DMIPS/MHz
多核	1～4 个核，也提供单核版本
ISA 支持	ARM Thumb - 2/Thumb Jazelle DBX 和 RCT DSP 扩展 高级 SIMD NEON 单元（可选） 浮点单元（可选）
内存管理	内存管理单元
调试和追踪	CoreSight DK - A9（单独提供）

2. Cortex - A15 处理器

　　在 Cortex - A9 双核处理器之后，ARM 推出了一款型号为 Cortex - A15 的多核处理器。

Cortex - A15 的最快处理速度能达到 2.5GHz，还可以支持超过 4G 的存储。

　　Cortex - A15 处理器基于 ARMv7 - A Cortex 微架构，单个处理器集群拥有 1 ~ 4 个 SMP 处理核心，彼此通过 AMBA4 技术互联，支持一系列 ISA，能够在不断下降的功耗和成本预算的基础上提供高度可扩展性的解决方案，广泛适用于智能手机、平板电脑、大屏幕移动计算设备、高端数字家庭娱乐终端、无线基站、企业基础架构产品等。Cortex - A15 处理器的基本信息见表 1-4。

表 1-4　Cortex - A15 处理器的基本信息

项　　目	采用的技术
体系结构	ARMv7 - A Cortex
多核	单个处理器群集中可配置 1 ~ 4 个 SMP 核心 通过 AMBA4 技术实现多个一致的 SMP 处理器群集
ISA 支持	ARM Thumb - 2 TrustZone 安全技术 NEON 高级 SIMD DSP&SIMD 扩展 VFPv4 浮点 Jazelle RCT 硬件虚拟化支持 大物理地址扩展（LPAE）
内存管理	ARMv7 内存管理单元
调试和追踪	CoreSight DK - A15

3. Cortex - A72 处理器

　　于 2015 年年初正式发布的 Cortex - A72 处理器是 ARM 公司性能最高、最先进的处理器之一，其基于 ARMv8 - A 架构，并构建于 Cortex - A57 处理器在移动和企业设备领域获得成功的基础之上。在相同的移动设备电池寿命限制下，Cortex - A72 相较基于 Cortex - A15 的设备能提供 3.5 倍的性能表现，展现优异的整体功耗性能。

　　Cortex - A72 的强化性能和功耗水平为消费者带来超凡的体验，这些高端设备包括高档的智能手机、中型平板电脑、大型平板电脑、翻盖式笔记本电脑等外形规格可变化的移动设备。未来的企业基站和服务器芯片也能受惠于 Cortex - A72 的性能，并在其优异的能效基础上和有限的功耗范围内增加内核数量，提升工作负载量。

　　Cortex - A72 是目前基于 ARMv8 - A 架构的处理器中性能最高的处理器。它再次展现了 ARM 在处理器技术中的领先地位，在提升新的性能标准之余大幅降低了功耗，广泛地扩展应用于移动设备与企业设备。

　　Cortex - A72 可在芯片上单独实现，也可以搭配 Cortex - A53 处理器与 ARM CoreLink CCI 高速缓存一致性互连（Cache Coherent Interconnect）构成 ARM big. LITTLE 配置，进一步提升能效。Cortex - A72 处理器的基本信息见表 1-5。

表 1-5　Cortex - A72 处理器的基本信息

项　　目	采用的技术
体系结构	ARMv8 - A Cortex
多核	单个处理器群集中可配置 1～4 个 SMP 核心 通过 AMBA 5 CHI 或 AMBA 4 ACE 技术，可实现多个一致的 SMP 处理器群集
ISA 支持	AArch32 可完全向下兼容 ARMv7 AArch64 提供 64 位支持和全新架构功能 TrustZone 安全技术 NEON 高级 SIMD DSP 和 SIMD 扩展 VFPv4 浮点 硬件虚拟化支持
调试和跟踪	CoreSight DK - A72

1.3.3　Cortex - M 系列处理器

Cortex - M 系列处理器针对那些对成本和功耗敏感的 MCU 和终端应用进行了优化。这些终端应用包括智能测量、人机接口设备、汽车和工业控制系统、大型家用电器、消费性产品和医疗器械等。针对十分广泛的嵌入式应用，每个处理器都提供最佳权衡取舍。Cortex - M 系列处理器的特点如图 1-2 所示。

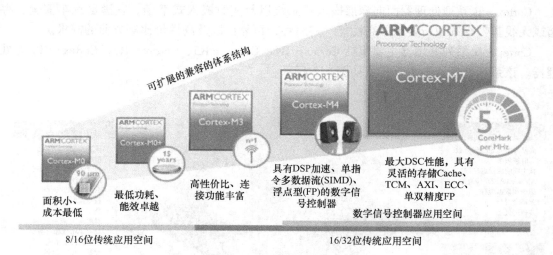

图 1-2　Cortex - M 系列处理器的特点

Cortex - M 系列处理器都是向上兼容的，这使得软件重用以及从一个 Cortex - M 处理器无缝发展到另一个成为可能。

Cortex - M0 处理器是目前最小的 ARM 处理器。该处理器的芯片面积非常小，功耗极低，且编程所需的代码占用量很少，这使得开发人员可以直接跳过 16 位系统，以接近 8 位系统的成本获取 32 位系统的性能。

Cortex - M0 + 处理器是能效极高的 ARM 处理器。它以极为成功的 Cortex - M0 处理器为

基础，保留了全部指令集和数据兼容性，同时进一步降低了能耗，提高了性能。它与 Cortex -
M0 处理器一样，芯片面积很小，功耗极低，并且所需的代码量极少。

Cortex - M3 处理器是行业领先的 32 位处理器，适用于具有较高确定性的实时应用，经
过专门开发，可以针对广泛的设备（包括微控制器、汽车车身系统、工业控制系统以及无
线网络和传感器）开发高性能低成本平台。

Cortex - M3 处理器具有出色的计算性能以及对事件的优异响应能力，并且可应对实际应
用中对低功率（包括动态和静态）需求的挑战。此处理器配置十分灵活，从而可满足广泛
的应用。

Cortex - M4 处理器是 ARM 公司专门开发的最新嵌入式处理器之一，用于需要控制功能
和数字信号处理功能相结合的领域。

高效的信号处理功能与 Cortex - M 处理器系列的低功耗、低成本和易于使用的优点相结
合，旨在提供专门面向电动机控制、汽车、电源管理、嵌入式音频和工业自动化市场等新兴
应用的灵活解决方案。

Cortex - M7 处理器目前是高性能 Cortex - M 系列处理器中具有最高性能的成员之一，它
能构建各种复杂的微控制器与嵌入式芯片。Cortex - M7 的设计旨在提供超高性能，并保持
ARMv7 - M 架构卓越的响应性和易用性。它拥有业内领先的高性能和灵活的系统接口，是各
种应用领域的理想之选。

1.3.4 Cortex - R 系列处理器

Cortex - R 系列处理器面向深层嵌入式系统以及实时嵌入式市场。它满足汽车安全、存
储或无线基带等领域所要求的高性能、实时性、可靠性以及高性价比等方面的需求。

Cortex - R 系列处理器主要包括 Cortex - R4、Cortex - R5、Cortex - R7、Cortex - R8 等处
理器。该系列处理器的主要特点如图 1-3 所示。

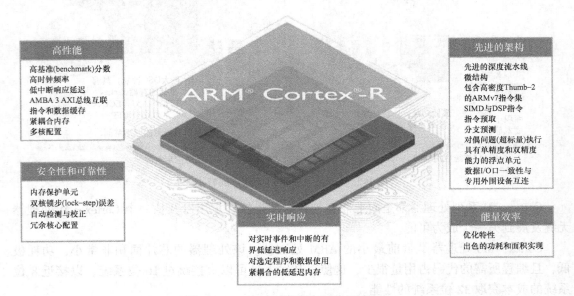

图 1-3　Cortex - R 系列处理器主要特点

Cortex－R4 处理器是第一个基于 ARMv7－R 架构的深层嵌入式实时处理器。它专用于大容量深层嵌入式片上系统应用，如硬盘驱动控制器、无线基带处理器、消费性产品、手机 MTK 平台和汽车系统的电子控制单元。

Cortex－R5 处理器为市场上的实时应用提供高性能的解决方案，包括移动基带、汽车、大容量存储、工业和医疗市场。该处理器基于 ARMv7－R 架构，因此提供了一种从 Cortex－R4 处理器上移植到更高性能的 Cortex－R7 处理器的简单途径。

Cortex－R7 处理器为范围广泛的深层嵌入式应用提供了高性能的双核、实时解决方案。Cortex－R7 处理器通过引入新技术（包括无序执行和动态寄存器重命名），并与改进的分支预测、超标量执行功能和用于除法等功能的硬件支持相结合来达到实时的目的。

目前，Cortex－R8 处理器是同系列中即时反应最快的处理器，主要采用四核架构规格，并且着重对应 5G 联网数据机的设计应用以及巨量储存装置设计需求。该处理器通过低延迟、高效能与低功耗等特性满足 5G 连网、物联网与储存应用。同时，其即时性更好，可提高汽车制动性能、增进安全性，在汽车电子领域有很好的应用前景。与两核的 Cortex－R7 处理器相比，该处理器为四核，故可执行多重指令，且表现性能提高两倍，并具有侦错/除错功能。此外，其紧密耦合记忆体（TCM）提高至每核 2MB，以达到更好的即时性。

1.3.5　SecurCore 系列处理器

SecurCore 系列处理器基于行业领先的 ARM 架构，提供功能强大的 32 位安全解决方案。通过用各种安全功能来加强已十分成功的 ARM 处理器，SecurCore 推出了智能卡，使从事安全类工作的 IC 开发人员可以方便地利用 ARM 32 位技术的优点（例如晶片尺寸小、能效高、成本低、代码密度优异且性能十分突出）。SecurCore 系列处理器的性能超越了旧的 8 位或 16 位安全处理器。SecurCore 系列处理器主要包括 SC000、SC100 和 SC300 等。

SecurCore 系列处理器主要是为防篡改智能卡而设计的，由于具有多种安全功能，其非常适合此类应用。有关其安全功能的详细信息，请参阅 ARM 提供的保密协议（NDA）。其主要功能是：

1）用于简易实现的完全可合成设计。

2）广泛的工具支持：通过 RealView 微控制器开发工具包（Keil μVision 环境）这个受业内欢迎的智能卡开发工具来提供全面支持。

3）连接到标准系统 IP：AMBA 互连兼容性可用来通过外设和内存实现快速高效的系统设计。

SecurCore 系列处理器与其他处理器相比在安全领域有诸多优点：

1）可通过极小的可合成处理器实现 32 位处理。

2）更高的系统性能。

3）上市速度更快。

4）大量可用的软件开发工具。

5）开发成本较低。

6）可从行业领先的芯片供应商处得到供货。

7）向 SoC 设计者提供理想的调试支持。

1.4 ARM 处理器的芯片选型

近年来嵌入式系统飞速发展，ARM 处理器获得了越来越多的关注，同时也在更多领域获得了广泛的应用。ARM 处理器的内核结构有数十种，ARM 公司的 chipless 生产模式会使得将来获得授权的生产厂家越来越多（单就目前来说，获得授权的芯片生产厂家就有 70 多家），而且每个厂家根据需要对内核功能进行的配置又各不相同。所以对于开发人员，完成好芯片选型有一定难度。

芯片选型需要根据项目需求考虑众多的因素，不单是功能和性能，成本往往也是一个重要方面。本节主要从以下几个方面介绍选型需要考虑的技术因素，用户在实际项目中应根据需要从各方面均衡考虑。

1. 功能

考虑处理器本身能够支持的功能，比如 USB、网络、串口、液晶显示等。

2. 性能

从处理器的功耗、速度、稳定可靠性等方面考虑。随着便携式产品的快速发展，功耗越来越引起关注，甚至直接关系到便携式产品的销量。

3. 熟悉程度及开发资源

通常公司对产品的开发周期都有严格的要求，选择一款自己熟悉的处理器可以大大降低开发风险。在自己熟悉的处理器都无法满足功能的情况下，可以尽量选择开发资源丰富的处理器。

在开发资源方面需要考虑处理器的自带资源和可扩展资源两个方面。例如主频，有无内置的以太网 MAC，I/O 口数量，自带哪些接口，是否支持在线仿真，是否支持 OS，能支持哪些 OS，是否有外部存储接口等。微处理器自带的资源是选型的一个重要考虑因素，自带资源越接近产品需求，产品开发相对就越简单。

可扩展资源主要考虑硬件平台是否支持 OS、RAM 和 ROM。芯片一般需要内置 RAM 和 ROM，但其容量一般都很小，内置 512KB 就算很大了。若运行 OS 一般都需要兆级以上容量，这就要求芯片带有可扩展存储器。

4. 封装

常见的微处理器芯片封装主要有 QFP、BGA 两大类型。BGA 类型的封装焊接比较麻烦，一般小公司都不支持，但是 BGA 封装芯片体积会小很多。如果产品对芯片体积要求不严格，选型时最好选择 QFP 封装。

5. 操作系统

在选择处理器时，如果最终的程序需要运行在操作系统上，那么还应该考虑处理器对操作系统的支持。

6. 仿真器

仿真器是硬件底层软件调试时要用到的工具，开发初期如果没有它，基本上会寸步难行。选择配套合适的仿真器，将会给开发带来许多便利。对于已经有仿真器的情况，在选型过程中要考虑它是否支持所选芯片。

7. 升级与维护

很多产品在开发完成后都会面临升级的问题，所以在选择处理器时必须加以考虑。如尽量选择具有相同封装的不同性能等级的处理器，并考虑产品未来可能增加的功能。

8. 价格

通常产品总是希望在完成功能要求的基础上尽量降低成本。在选择处理器时需要考虑处理器的价格以及由处理器衍生出的开发价格，如开发板价格、处理器自身价格、外围芯片价格、开发工具价格、制板价格等。

9. 供货

供货稳定也是选择处理器时的一个重要参考因素，尽量选择大厂家的产品和比较通用的芯片。

本 章 小 结

本章系统地介绍了 ARM 公司及其处理器的发展历史、现状以及未来发展趋势，详细介绍了 ARM 公司的主流处理器架构和特征。ARM 公司的主流处理器架构包括从 ARMv4 到 ARMv8 等主要版本。在 1.2 节深入讲解了各个处理器所应用的版本架构及发展。ARM 公司的主流处理器包括 Classic ARM 处理器、Cortex - A 系列处理器、Cortex - M 系列处理器、Cortex - R 系列处理器以及 SecurCore 系列处理器等。在 1.3 节分别从基本技术特点、应用领域以及市场应用情况对其进行了详细阐述。对于种类繁多的处理器，选型是一个重要且棘手的问题，所以在本章的最后给出了一些选型中应考虑的基本因素。通过本章的学习，学生将对 ARM 公司主流处理器及其架构有一个宏观的了解。

思 考 题

1. ARM 公司的主流处理器有哪些？
2. Cortex 系列处理器分为哪 3 类，主要应用在哪些领域？
3. ARM 处理器架构有哪些版本？
4. 指出 Cortex 系列处理器主要基于哪两种架构？各有什么特点？
5. 处理器选型需要考虑的技术因素有哪些？

第 2 章 ARM 处理器体系结构

ARM 处理器体系结构是 ARM 区别于其他类型处理器的最基本特征之一，是学习 ARM 处理器编程的基础。本章主要介绍 ARM 处理器的数据类型、处理器工作模式和处理器寄存器组织等 ARM Cortex – A 系列处理器所共有的体系结构特征，在此基础上，进一步介绍隶属于 ARM Cortex – A 架构的 ARM Cortex – A9 的处理器内核。

2.1 数据类型

ARM 采用的是 32 位架构，ARM 的基本数据类型有以下 3 种：

1）字节（Byte）：在 ARM 体系结构和 8 位/16 位处理器体系结构中，字节的长度均为 8 位。

2）字（Word）：在 ARM 体系结构中，字的长度为 32 位，而在 8 位/16 位处理器体系结构中，字的长度一般为 16 位（字必须与 4 字节的边界对准）。

3）半字（Half – Word）：在 ARM 体系结构中，半字的长度为 16 位，与 8 位/16 位处理器体系结构中字的长度一致（半字必须与 2 字节的边界对准）。

存储器可以看作线性字节阵列。如图 2-1 所示为 ARM 的基本数据类型，其中每一个字节都有唯一的地址。字节可以占用任一位置，图中给出了几个例子。长度为 1 个字的数据项占用一组 4 字节的位置，该位置开始于 4 的倍数的字节地址（地址最末两位为 0）。长度为半字的数据占有 2 字节的位置，该位置开始于偶数字节地址（地址最末一位为 0）。

字3			
字2			
字1			
半字2		半字1	
字节4	字节3	字节2	字节1

图 2-1 ARM 的基本数据类型

2.2 处理器工作模式

为了提高处理器效能，ARM 处理器通过多种的处理器模式来管理处理器，Cortex – A9 处理器属于 ARMv7 – A 架构，共有 8 种工作模式：

1）用户模式（User）：正常程序执行模式，大部分任务执行在这种模式下。

2）快速中断模式（FIQ）：当一个快速中断产生时将会进入这种模式，一般用于高速数据传输和通道处理。

3）中断模式（IRQ）：当一个一般中断产生时将会进入这种模式，一般用于通常的中断处理。

4）管理模式（Supervisor）：当复位或软中断指令执行时进入这种模式，是一种供操作系统使用的保护模式。

5）中止模式（Abort）：当数据或指令存取异常时进入这种模式，用于虚拟存储或存储保护。

6）未定义模式（Undef）：当执行未定义指令时进入这种模式，通常用于通过软件来仿真硬件协处理器的工作方式。

7）系统模式（System）：使用和 User 模式相同寄存器集的模式，用于运行特权级的操作系统任务。

8）监控模式（Monitor）：可以在安全模式与非安全模式之间切换。

除用户模式外的其他 7 种处理器模式称为特权模式。在特权模式下，程序可以访问所有的系统资源，可以进行处理器模式切换。除系统模式外的 6 种特权模式又称为异常模式。

处理器模式可以通过软件控制进行切换，也可以通过外部中断或异常处理过程进行切换。大多数的用户程序运行在用户模式下。当处理器工作在用户模式时，应用程序既不能访问受操作系统保护的一些系统资源，也不能直接进行处理器模式切换。当需要时，应用程序可以产生异常处理，在异常处理过程中进行处理器模式切换。

当应用程序发生异常中断时，处理器进入相应的异常模式。在每一种异常模式中都有一组专用寄存器以供相应的异常处理程序使用，通常是用程序状态备份寄存器、堆栈指针寄存器和链接寄存器来保护处理器的工作状态和异常返回地址，这样就可以保证在进入相应异常模式时用户模式下的寄存器不被破坏。

2.3 ARM 处理器的存储系统

2.3.1 存储空间

ARM 体系结构使用 2^{32} 个字节的单一、线性地址空间。这些字节单元的地址是一个无符号的 32 位数值，其取值范围为 $0 \sim 2^{32} - 1$。

ARM 的地址空间可以看作由 2^{30} 个 32 位的字组成。每个字的地址是字对齐的，因此字的地址可被 4 整除。字对齐地址为 A 的字由地址为 A、A + 1、A + 2 和 A + 3 的 4 个字节组成。

ARM 的地址空间也可以看作由 2^{31} 个 16 位的半字组成的。每个半字的地址是半字对齐的，因此半字的地址可被 2 整除。半字对齐地址为 A 的半字由地址为 A 和 A + 1 的 2 字节组成。

各存储单元的地址作为 32 位的无符号数，可以进行常规的整数运算。这些运算的结果将进行 2^{32} 取模。也就是说，运算结果发生上溢出和下溢出时，地址将会发生卷绕。

2.3.2 存储格式

ARM 体系结构所支持的最大寻址空间为 4GB（2^{32} 字节），支持两种处理器存储格式：

1）大端格式（Big Endian）：字数据的高字节存储在低地址中，而字数据的低字节则存放在高地址中。

2）小端格式（Little Endian）：低地址中存放的是字数据的低字节，高地址存放的是字数据的高字节。

下面的例子显示了使用内存的大/小端的存取格式。

程序执行前

$$r0 = 0x11223344，r1 = 0x100$$

执行指令

STR r0，[r1]；将一个 r0 中的字数据存储到 r1 中地址所对应的存储单元，一次传送 4 个字节。

LDRB r2，[r1]；加载 r1 中地址所对应的存储单元中一个字节的数据到 r2。

执行后，小端模式下 r2 = 0x44，大端模式下 r2 = 0x11。

上面的例子表明，在大端模式下，一个字的高地址放的是数据的低位，而在小端模式下，数据的低位放在内存中的低地址。

2.3.3　存储管理单元

存储管理单元（Memory Management Unit，MMU）是处理器用来管理虚拟存储器、物理存储器的控制模块，同时也负责将虚拟地址映射为物理地址，并提供硬件机制的内存访问授权。

对于操作系统来说，MMU 提供的一个关键服务是使各个任务作为各自独立的程序在自己的私有存储空间中运行。在带 MMU 的操作系统的控制下，运行的任务无需知道其他与之无关的任务的存储需求情况，这就简化了各个任务的设计。

MMU 提供了一些资源以允许使用虚拟存储器（将系统物理存储器重新编址，可将其看成一个独立于系统物理存储器的存储空间）。MMU 作为转换器，将程序和数据的虚拟地址（编译时的连接地址）转换成实际的物理地址，即在物理主存中的地址。这个转换过程允许运行的多个程序使用相同的虚拟地址，而这些程序各自存储在物理存储器的不同位置。

在 MMU 的处理下，存储器有两种类型的地址：虚拟地址和物理地址。虚拟地址由编译器和连接器在定位程序时分配；物理地址用来访问实际的硬件存储模块。

2.3.4　高速缓冲存储器

高速缓冲存储器（Cache）是存在于主存与 CPU 之间的一级存储器，由静态存储芯片（SRAM）组成，容量比较小但存取速度比主存高得多，接近于 CPU 的速度。高速缓冲存储器和主存储器之间信息的调度和传送是由硬件自动进行的。

Cache 保存最近用到的存储器数据副本。对于程序员来说，Cache 是透明的，它自动决定保存哪些数据、覆盖哪些数据。Cache 经常与写缓存器（Write Buffer）一起使用。写缓存器是一个非常小的先进先出（FIFO）存储器，位于处理器核与主存之间。使用写缓存的目的是将处理器核和 Cache 从较慢的主存写操作中解脱出来。当 CPU 向主存储器做写入操作时，它先将数据写入到写缓存器中，由于写缓存器的速度很快，这种写入操作的速度也会很快。写缓存器在 CPU 空闲时，以较低的速度将数据写入到主存储器中相应的位置。

2.3.5　协处理器

ARM 处理器支持 16 个协处理器。在程序执行过程中，每个协处理器忽略属于 ARM 处理器和其他协处理器的指令。当一个协处理器硬件不能执行属于它的协处理器指令时，将产生一个未定义指令的异常中断，在该异常中断处理程序中，可以通过软件模拟该硬件操作。例如，如果系统不包含向量浮点运算器，则可以选择浮点运算软件模拟包来支持向量浮点运算。

CP15 即通常所说的系统控制协处理器（System Control Coprocessor）。在 ARM 处理器中，诸如 Cache 配置、写缓存配置之类的存储系统管理工作均由 CP15 完成。如果处理器核中不存在 CP15，针对 CP15 的操作指令将被视为未定义指令，指令的执行结果不可预知。

CP15 包含 16 个 32 位寄存器，其编号为 0~15。实际上某些编号的寄存器可能对应多个物理寄存器，在指令中指定特定的标志位来区分这些物理寄存器。这种机制有些类似于 ARM 中的寄存器，当处于不同的处理器模式时，某些相同编号的寄存器对应于不同的物理寄存器。

CP15 中的寄存器可能是只读的，也可能是只写的，还有一些是可读可写的。在对协处理器寄存器进行操作时，需要注意以下几个问题：

1）寄存器的访问类型（只读/只写/可读可写）。

2）不同的访问引发不同的功能。

3）相同编号的寄存器是否对应不同的物理寄存器。

4）寄存器的具体作用。

2.4　寄存器组织

ARM 处理器作为 RISC 型处理器之一，其最主要的特性之一就是 ARM 核内部使用了大量的寄存器，用于提升处理器的运算速度，提高处理器的性能。ARM 处理器有 40 个 32 位的寄存器，其中包含 33 个通用寄存器和 7 个状态寄存器。这些寄存器不能被同时访问，处理器所处的工作模式决定哪些处理器可以被编程者使用。本节将在介绍 ARM 处理器模式下寄存器分布的基础上，分别对通用寄存器和状态寄存器的使用特点进行详细说明。

2.4.1　ARM 处理器模式下的寄存器分布

对于 ARM 核的众多寄存器的使用，可以从不同 ARM 处理模式下的寄存器分布来了解。ARM 处理器共有 8 种不同的处理器模式，在每一种处理器模式中都有一组相应的寄存器。ARM 处理器将寄存器分成很多个组，来运行不同模式下的程序，让 CPU 程序运行得更加稳健。表 2-1 是 ARM 寄存器分组：共 User、System、Supervisor、Abort Undefined、IRQ、FIQ 和 Secure Monitor 8 个组。其中 System 和 User 两个组的寄存器完全共用，Secure Monitor 是 ARM Cortex – A9 内核追加的模式。

表 2-1　ARM 状态下的寄存器分组

用户模式 （User）	系统模式 （System）	管理模式 （Supervisor）	数据访问 中止模式 （Abort）	未定义指令 中止模式 （Undefined）	外部中断模式 （IRQ）	快速中断模式 （FIQ）	安全监控模式 （Secure Monitor）
R0	R0	R0	R0	R0	R0	R0	R0
R1	R1	R1	R1	R1	R1	R1	R1
R2	R2	R2	R2	R2	R2	R2	R2
R3	R3	R3	R3	R3	R3	R3	R3
R4	R4	R4	R4	R4	R4	R4	R4
R5	R5	R5	R5	R5	R5	R5	R5
R6	R6	R6	R6	R6	R6	R6	R6
R7	R7	R7	R7	R7	R7	R7	R7
R8	R8	R8	R8	R8	R8	R8_fiq	R8
R9	R9	R9	R9	R9	R9	R9_fiq	R9
R10	R10	R10	R10	R10	R10	R10_fiq	R10
R11	R11	R11	R11	R11	R11	R11_fiq	R11
R12	R12	R12	R12	R12	R12	R12_fiq	R12
R13	R13	R13_svc	R13_abt	R13_und	R13_irq	R13_fiq	R13_mon
R14	R14	R14_svc	R14_abt	R14_und	R14_irq	R14_fiq	R14_mon
PC	PC	PC	PC	PC	PC	PC	PC
CPSR	CPSR	CPSR	CPSR	CPSR	CPSR	CPSR	CPSR
		SPSR_svc	SPSR_abt	SPSR_und	SPSR_irq	SPSR_fiq	SPSR_mon

　　表 2-2 为 8 种处理器模式各自拥有和可访问的寄存器。每种处理模式使用的寄存器包含两大类：一类为公共部分，即所有模式使用的寄存器是相同物理寄存器，这部分寄存器在使用时应作为环境变量，进行使用前保存和使用后还原处理，以避免影响其他模式的运算处理；另一类为私有部分，这部分寄存器为特定模式专用，可按照模式本身的需要进行处理，不需要另外进行环境变量的保存和还原操作，其主要是为加速处理器运行，特别是为减少处理器异常中断的响应时间而存在的。其中 R0 ~ R15 和 CPSR 这 17 个寄存器是各个组共用，特别是 R0 ~ R7 是每个组都共用的。但由于其通用性，在异常中断所引起的处理器模式切换时，使用的是相同的物理寄存器，所以也就很容易使寄存器中的数据被破坏。每种异常模式有自己独立的堆栈指针（SP_mode）、链接寄存器（LR_mode）和程序状态备份寄存器（SPSR_mode）。另外 FIQ 有独立的 R8_fiq ~ R14_fiq，用于高速的数据处理。许多寄存器都有专门用途，并可以使用别名来操作：

1）R9（SB）：静态基地址寄存器。

2）R10（SL）：数据堆栈限制指针。

3）R11（FP）：帧指针 Frame Pointer。

4）R12（IP）：子程序内部调用暂存寄存器 Intra – Procedure – call Scratch Register。

5）R13（SP）：堆栈指针 Stack Pointer。

6）R14（LR）：链接寄存器 linker Register，用于程序跳转后返回（LR 寄存器的值赋给 PC 寄存器）。

7）R15（PC）：程序计数器 Program Counter，用于指向程序执行代码。

表 2-2 8 种处理器模式各自拥有和可访问的寄存器

组 名 称	可见寄存器	
	公共部分	私有部分
User	R0 ~ R15，CPSR，PC	无
System	R0 ~ R15，CPSR，PC	无
Supervisor	R0 ~ R12，CPSR，PC	R13_svc，R14_svc，SPSR_svc
Abort	R0 ~ R12，CPSR，PC	R13_abt，R14_abt，SPSR_abt
Undefined	R0 ~ R12，CPSR，PC	R13_und，R14_und，SPSR_und
IRQ	R0 ~ R12，CPSR，PC	R13_irq，R14virq，SPSR_irq
FIQ	R0 ~ R7，CPSR，PC	R8_fiq – R14_fiq，SPSR_fiq
Secure Monitor	R0 ~ R12，CPSR，PC	R13_mon，R14_mon，SPSR_mon

2.4.2 通用寄存器

通用寄存器（R0 ~ R15）可以分为三类：未分组寄存器 R0 ~ R7，分组寄存器 R8 ~ R14，程序计数器 PC（R15）。

1）未分组寄存器 R0 ~ R7。对于每一个未分组寄存器来说，在所有的处理器模式下指的都是同一个物理寄存器。在异常中断造成处理器模式切换时，由于不同的处理器模式使用相同的物理寄存器，可能造成未分组寄存器中数据被破坏。任何可采用通用寄存器的应用场合都可以使用未分组寄存器。

2）分组寄存器 R8 ~ R14。分组寄存器是指同一个寄存器名。在 ARM 微处理器内部存在多个独立的物理寄存器，每一个物理寄存器分别与不同的处理器模式相对应。

3）程序计数器 PC（R15）。寄存器 R15 用作程序计数器 PC。在 ARM 状态下，由于 ARM 指令是字对齐的，所以 PC 的第 0 位和第 1 位总为 0；在 Thumb 状态下，PC 的第 0 位是 0。PC 虽然可以作为一般的通用寄存器使用，但是一些指令在使用 R15 时有特殊限制。当违反了这些限制时，该指令执行的结果将是不可预料的。

由于 ARM 体系结构采用了流水线机制（以三级流水线为例），对于 ARM 指令集来说，PC 指向当前指令的下两条指令的地址，即 PC 的值为当前指令的地址值加 8 个字节。

分组的寄存器 R8 ~ R14 中的 R13 和 R14 作为堆栈指针寄存器和链接寄存器，在程序设计中，特别是汇编指令的使用中，通常是默认使用的。其主要的使用方法和特点如下：

（1）堆栈指针寄存器

寄存器 R13_＜mode＞又被称为堆栈指针寄存器（Stack Pointer，SP），其中＜mode＞可以是以下几种之一：usr、svc、abt、und、irp、fiq 及 mon。在 ARM 处理器中，R13 常用做堆栈指针，当然，这只是一种习惯用法，并没有任何指令强制性地使用 R13 作为堆栈指针，用户完全可以使用其他寄存器作为堆栈指针。而在 Thumb 指令集中，有一些指令强制性地将 R13 作为堆栈指针，如堆栈操作指令。每一种异常模式拥有自己的 R13。异常处理程序负责初始化自己的 R13，使其指向该异常模式专用的栈地址。在异常处理程序入口处，将用到的其他寄存器的值保存在堆栈中，返回时，重新将这些值加载到寄存器。通过这种保护程序现场的方法，异常处理程序不会破坏被其中断的程序现场。

（2）链接寄存器

寄存器 R14_< mode > 又被称为链接寄存器（Link Register，LR），其中 < mode > 可以是以下几种之一：usr、svc、abt、und、irp、fiq 及 mon。在 ARM 体系结构中具有下面两种特殊的作用：每一种处理器模式用自己的 R14 存放当前子程序的返回地址，当通过 BL 或 BLX 指令调用子程序时，R14 被设置成该子程序的返回地址；在子程序返回时，把 R14 的值复制到 PC。典型的做法如下：

1）执行下面任何一条指令。

MOV PC, LR

BX LR

2）在子程序入口处使用下面的指令将 PC 保存到堆栈中。

STMFD SP!，{ < register > ,LR}

在子程序返回时，使用如下相应的配套指令返回。

LDMFD SP!，{ < register > ,PC}

3）当异常中断发生时，该异常模式特定的物理寄存器 R14 被设置成该异常模式的返回地址。对于有些模式，R14 的值可能与返回地址有一个常数的偏移量（如数据异常，使用 SUB PC，LR，#8 返回）。具体的返回方式与上面的子程序返回方式基本相同，但使用的指令稍微有些不同，以保证当异常出现时正在执行的程序状态被完整保存。R14 也可以用作通用寄存器。

2.4.3 程序状态寄存器

ARM 体系结构包含 1 个当前程序状态寄存器（Current Program Status Register，CPSR）和 6 个备份的程序状态寄存器（Saved Program Status Register，SPSR）。

当前程序状态寄存器可以在任何处理器模式下被访问，它记录和指示出当前程序运行状态，包含下列内容：

1）算术逻辑单元（Arithmetic Logic Unit，ALU）状态标志的备份。

2）当前的处理器模式。

3）中断使能标志。

4）设置处理器的状态。

每一种处理器模式下都有 1 个专用的物理寄存器做备份程序状态寄存器。当特定的异常中断发生时，这个物理寄存器负责存放当前程序状态寄存器的内容。当异常处理程序返回时，再将其内容恢复到当前程序状态寄存器。

CPSR 寄存器（和保存它的 SPSR 寄存器）中的位分配见表 2-3。

表2-3 CPSR寄存器（和保存它的SPSR寄存器）中的位分配

31	30	29	28	27	26～25	24	23～20	19～16	15～10	9	8	7	6	5	4～0
N	Z	C	V	Q	IT [1：0]	J	保留	GE [3：0]	IT [7：2]	E	A	I	F	T	M [4：0]

（1）条件状态位

N、Z、C和V统称为条件码标志位。其内容可被算术和逻辑运算的结果所改变，由此可以决定某些指令是否被执行。CPSR中的条件码标志位见表2-4。

表2-4 CPSR中的条件码标志位

条件码标志位	含　义
N	本位设置成当前指令运算结果的第31位值 当两个补码表示的有符号数进行运算时，N=1，表示运算的结果为负数；N=0，表示运算的结果为正数
Z	Z=1表示运算的结果为零；Z=0表示运算的结果不为零 对于CMP指令，Z=1表示进行比较的两个数大小相等
C	有4种方法设置C的值： 1）在加法指令中（包括比较指令CMN），当结果产生进位（无符号数溢出），则C=1；否则C=0 2）在减法指令中（包括比较指令CMP），当运算中发生借位（无符号数溢出），则C=0；否则C=1 3）对于包含移位操作的非加/减运算指令，C为移出位的最后一位 4）对于其他的非加/减运算指令，C的值通常不改变
V	对于加/减运算指令，当操作数和运算结果为二进制的补码表示的带符号数时，V=1表示符号位溢出

在ARM指令的使用中，可以使用2个字母的助记符来使用4个条件状态位，而不用考虑条件状态位的具体值，助记符和程序状态寄存器标志位之间的关系见表2-5。

表2-5 助记符和程序状态寄存器标志位之间的关系

指令中的条件编码	助记符	PSR中标志位	用意
0000	EQ	Z=1	相等
0001	NE	Z=0	不相等
0010	CS	C=1	>=（无符号数）
0011	CC	C=1	<（无符号数）
0100	MI	N=1	负数
0101	PL	N=0	正数或为零
0110	VS	V=1	溢出
0111	VC	V=0	未溢出
1000	HI	C=1，且Z=0	>（无符号数）
1001	LS	C=0，且Z=1	<=（无符号数）
1010	GE	N=V	>=（带符号数）
1011	LT	N!=V	<（带符号数）
1100	GT	Z=0，且Z==V	>（带符号数）
1101	LE	Z=1，或N!=V	<=（带符号数）
1110	AL	忽略	无条件执行

（2）饱和计算溢出标志位

Q：Sticky overflow（有符号运算，确保数的极性不会翻转），发生溢出时，该位置1。

（3）IT 和 GE 状态位

IT［7：2］：用于 IF…ELSE…条件执行状态位。

GE［3：0］：由一些 SIMD 指令使用。

（4）使能控制位

A：当 A=1 时，禁止不确定数据异常。

I：IRQ 中断使能位，当其置1时，禁止处理器响应 IRQ 中断；当其置0时允许处理器响应 IRQ 中断。

F：FIQ 中断使能位，当其置1时，禁止处理器响应 FIQ 中断；当其置0时允许处理器响应 FIQ 中断。

（5）指令类别状态位

J：当 T 为1时，J=0 表示执行 Thumb 指令状态；J=1 表示执行 ThumbEE 指令状态。

T：当其为1时表示执行 Thumb 指令状态（或 ThumbEE，这依赖于 J 标志，J 为1，表示执行 ThumbEE 指令状态），当其为0时表示执行 ARM 指令状态。

指令类别状态位见表2-6。

表 2-6　指令类别状态位

J	T	指令状态
0	0	ARM
0	1	Thumb
1	0	Jazelle
1	1	ThumbEE

（6）工作模式位

工作模式位用来指示不同组寄存器与 ALU 协同工作。

M［4：0］：工作模式。

B10000（0x10）：用户模式（User）。

B10001（0x11）：快速中断模式（FIQ）。

B10010（0x12）：向量中断模式（IRQ）。

B10011（0x13）：管理模式（Supervisor）。

B10111（0x17）：异常模式（Abort），取数据失败时发生。

B11011（0x1B）：未定义模式（Undefined），指令解码出错时发生。

B11111（0x1F）：系统模式（System）。

B10110（0x16）：安全监视模式（Secure Monitor），主要用于安全交易。

（7）大端和小端存储标志位

E：大端和小端存储标志，当 E=0 时为小端存储，E=1 时为大端存储。因为 ARM 总线都为32bit（4 个字节）以上的，而数据的存取常规以 8bit 为单位，这样就会出现如何放置数据的问题。规定数据高位放在高字节、低位放在低字节的称为小端存储；反之，称为大端存储。

2.5 异常处理

在 ARM 体系中通常有以下 3 种方式控制程序的执行流程。

1）在正常程序执行过程中，每执行一条 ARM 指令，程序计数器 PC 的值加 4 个字节；每执行一条 Thumb 指令，程序计数器 PC 的值加 2 个字节。整个过程是按顺序执行的。

2）通过跳转指令，程序可以跳转到特定的地址标号处执行，或者跳转到特定的子程序处执行。其中，B 指令用于执行跳转操作；BL 指令在执行跳转操作的同时，保存子程序的返回地址；BX 指令在执行跳转操作的同时，根据目标地址的最低位可以将程序切换到 Thumb 状态；BLX 指令执行 3 个操作，跳转到目标地址处执行，保存子程序的返回地址，根据目标地址的最低位可以将程序状态切换到 Thumb 状态。

3）当异常中断发生时，系统执行完当前指令后，将跳转到相应的异常中断处理程序处执行。在当异常中断处理程序执行完成后，程序返回到发生中断的指令的下一条指令处执行。在进入异常中断处理程序时，要保存被中断的程序的执行现场。在从异常中断处理程序退出时，要恢复被中断的程序的执行现场。

ARM 处理器的异常机制类似传统处理器的中断处理机制，它反映了一个处理器处理突发事件的实时性能。当某一异常发生时，ARM 处理器打断当前正在执行的程序，处理器自动到该异常相对应的固定地址读取一条 ARM 指令并执行，该 ARM 指令通常为一条跳转指令，处理器通过该跳转指令跳转到程序员设计的异常程序并执行。当异常程序执行完成之后，程序员必须借助相应的处理器寄存器，编写代码返回到被异常打断的代码继续往下执行，并能还原被异常打断之前的处理器模式和通用寄存器值等环境变量。

2.5.1 ARM 处理器异常类型

异常可以通过内部或者外部源产生，并引起处理器处理一个事件，例如外部中断或者试图执行未定义指令都会引起异常。在处理异常之前，处理器的状态必须保存，以便在处理异常完成后，原来的程序能够重新继续执行。

ARM 体系结构支持 7 种异常，见表 2-7。

表 2-7 ARM 体系结构支持的异常类型

异 常 类 型	具 体 含 义
复位	当处理器的复位电平有效时，产生复位异常，程序跳转到复位异常处理程序处执行
未定义指令	当 ARM 处理器或协处理器遇到不能处理的指令时，产生未定义指令异常。可使用该异常机制进行软件仿真
软件中断	该异常由执行 SWI 指令产生，可用于用户模式下的程序调用特权操作指令。可使用该异常机制实现系统功能调用
指令预取中止	若处理器预取指令的地址不存在，或该地址不允许当前指令访问，存储器会向处理器发出中止信号，但当预取的指令被执行时，才会产生指令预取中止异常
数据中止	若处理器数据访问指令的地址不存在，或该地址不允许当前指令访问时，产生数据中止异常
外部中断请求 IRQ	当处理器的外部中断请求引脚有效，且 CPSR 中的 I 位为 0 时，产生 IRQ 异常。系统的外设可通过该异常请求中断服务
快速中断请求 FIQ	当处理器的快速中断请求引脚有效，且 CPSR 中的 F 位为 0 时，产生 FIQ 异常

异常模式除了可以通过程序切换进入外，也可以通过特定的异常类型触发，当特定的异常类型出现时，处理器进入相应的异常模式。表2-8为异常类型对应的异常向量地址和处理器模式。当异常发生时，处理器会把PC设置为一个特定的存储器地址。这一地址放在被称为向量表（vector table）的特定地址范围内。向量表的入口是一些跳转指令，跳转到专门处理某个异常或中断的子程序。存储器映射地址0x00000000是为向量表（一组32位字）保留的。在有些处理器中，向量表可以选择定位在存储空间的高地址（从偏移量0xffff0000开始）。一些嵌入式操作系统，如Linux和Windows CE就利用了这一特性。

注意：Cortex-A8/A9系统中支持通过设置CP15的C12寄存器将异常向量表的首地址设置在32字节对齐的任意地址。为了保持继承，下文仍沿用传统的0x0低地址方式和0xFFFF0000高地址方式。

表2-8 异常类型对应的异常向量地址和处理器模式

异常类型	异常模式	低地址异常向量	高地址异常向量
复位	管理	0x00000000	0xFFFF0000
未定义指令	未定义	0x00000004	0xFFFF0004
软件中断（SWI）	管理	0x00000008	0xFFFF0008
预取中止（取指令存储器中止）	中止	0x0000000C	0xFFFF000C
数据中止（数据访问存储器中止）	中止	0x00000010	0xFFFF0010
IRQ（中断）	IRQ	0x00000018	0xFFFF0018
FIQ（快速中断）	FIQ	0x0000001C	0xFFFF001C

2.5.2 ARM 异常处理

1. ARM 内核对异常的响应

当任何一个异常发生并得到响应时，ARM内核自动完成以下动作：

1）将下一条指令的地址存入相应链接寄存器LR，以便程序在异常处理完成后能从正确的位置重新开始执行。

2）将CPSR的值复制到相应的SPSR中。

3）设置适当的CPSR位，包括改变处理器状态进入ARM状态，改变处理器模式进入相应的异常模式，设置中断禁止位禁止相应中断。

4）设置PC使其从相应的异常向量地址取下一条指令执行，从而跳转到相应的异常处理程序处。

ARM微处理器对异常的响应过程用伪码可以描述为

R14_ < Exception_Mode > = Return Link
SPSR_ < Exception_Mode > = CPSR
CPSR[4:0] = Exception Mode Number
CPSR[5] = 0   /* 在 ARM 状态执行 */
If < Exception_Mode > = = Reset or FIQ then
CPSR[6] = 1   /* 禁止快速中断 */

/＊否则 CPSR[6]不变＊/

CPSR[7] = 1

PC = Exception Vector Address

当处理器发生复位异常时，系统进入管理模式，切换到 ARM 状态，同时禁止 FIQ 和 IRQ 中断，然后设置 PC 使其从复位向量地址 0x00000000（或者 0xFFFF0000）取下一条指令执行，伪代码描述如下：

R14_svc = UNPREDICTABLE value

SPSR_svc = UNPREDICTABLE value

CPSR[4:0] = 0b10011　　　　　　/＊进入管理模式＊/

CPSR[5] = 0　　　　　　　　　　/＊在 ARM 状态执行＊/

CPSR[6] = 1　　　　　　　　　　/＊禁止快速中断＊/

CPSR[7] = 1　　　　　　　　　　/＊禁止正常中断＊/

If high vectors configured then

　　　PC = 0xFFFF0000

else

　　　PC = 0x00000000

当处理器发生未定义指令异常时，系统将下一条指令的地址存入 R14_und，同时将 CPSR 的值复制到 SPSR_und 中；然后强制设置 CPSR 的值，使系统进入未定义模式，同时切换到 ARM 状态；设置 CPSR 的 I 位为 1，用来禁止 IRQ 中断；最后设置 PC 使其从未定义向量地址 0x00000004（或者 0xFFFF0004）取下一条指令执行。伪代码描述如下：

R14_und = address of next instruction after the undefined instruction

SPSR_und = CPSR

CPSR[4:0] = 0b11011　　　　　　/＊进入未定义模式＊/

CPSR[5] = 0　　　　　　　　　　/＊在 ARM 状态执行＊/

　　　　　　　　　　　　　　　　/＊CPSR[6]不变＊/

CPSR[7] = 1　　　　　　　　　　/＊禁止正常中断＊/

If high vectors configured then

　　　PC = 0xFFFF0004

else

　　　PC = 0x00000004

当处理器发生软件中断时，系统将下一条指令的地址存入 R14_svc，同时将 CPSR 的值复制到 SPSR_svc 中；然后强制设置 CPSR 的值，使系统进入管理模式，同时切换到 ARM 状态；设置 CPSR 的 I 位为 1，用来禁止 IRQ 中断；最后设置 PC 使其从软件中断向量地址 0x00000008（或者 0xFFFF0008）取下一条指令执行。伪代码描述如下：

R14_svc = address of next instruction after the SWI instruction

SPSR_svc = CPSR

CPSR[4:0] = 0b10011　　　　　　/＊进入管理模式＊/

CPSR[5] = 0 　　　　　　　　/* 在 ARM 状态执行 */

　　　　　　　　　　　　　/* CPSR[6] 不变 */

CPSR[7] = 1 　　　　　　　　/* 禁止正常中断 */

If high vectors configured then

　　PC = 0xFFFF0008

else

　　PC = 0x00000008

当处理器发生指令预取中止时，系统将下一条指令的地址存入 R14_abt，同时将 CPSR 的值复制到 SPSR_abt 中；然后强制设置 CPSR 的值，使系统进入中止模式，同时切换到 ARM 状态；设置 CPSR 的 I 位为 1，用来禁止 IRQ 中断；最后设置 PC 使其从预取指令中止向量地址 0x0000000C（或者 0xFFFF000C）取下一条指令执行。伪代码描述如下：

R14_abt = address of the aborted instruction + 4

SPSR_abt = CPSR

CPSR[4:0] = 0b10111 　　　　/* 进入指令预取中止模式 */

CPSR[5] = 0 　　　　　　　　/* 在 ARM 状态执行 */

　　　　　　　　　　　　　/* CPSR[6] 不变 */

CPSR[7] = 1 　　　　　　　　/* 禁止正常中断 */

If high vectors configured then

　　PC = 0xFFFF000C

else

　　PC = 0x0000000C

当处理器发生数据预取中止时，系统将下一条指令的地址存入 R14_abt，同时将 CPSR 的值复制到 SPSR_abt 中；然后强制设置 CPSR 的值，使系统进入中止模式，同时切换到 ARM 状态；设置 CPSR 的 I 位为 1，用来禁止 IRQ 中断；最后设置 PC 使其从数据中止向量地址 0x00000010（或者 0xFFFF0010）取下一条指令执行。伪代码描述如下：

R14_abt = address of the aborted instruction + 8

SPSR_abt = CPSR

CPSR[4:0] = 0b10111 　　　　/* 进入中止模式 */

CPSR[5] = 0 　　　　　　　　/* 在 ARM 状态执行 */

　　　　　　　　　　　　　/* CPSR[6] 不变 */

CPSR[7] = 1 　　　　　　　　/* 禁止正常中断 */

If high vectors configured then

　　PC = 0xFFFF0010

else

　　PC = 0x00000010

当处理器发生 IRQ 异常中断时，系统将下一条指令的地址存入 R14_irq，同时将 CPSR 的值复制到 SPSR_irq 中；然后强制设置 CPSR 的值，使系统进入 IRQ 模式，同时切换到

ARM 状态；设置 CPSR 的 I 位为 1，用来禁止 IRQ 中断；最后设置 PC 使其从 IRQ 向量地址 0x00000018（或者 0xFFFF0018）取下一条指令执行。伪代码描述如下：

R14_irq = address of next instruction to be executed + 4
SPSR_irq = CPSR
CPSR[4:0] = 0b10010   /＊进入 IRQ 模式＊/
CPSR[5] = 0   /＊在 ARM 状态执行＊/
                              /＊CPSR[6]不变＊/
CPSR[7] = 1   /＊禁止正常中断＊/
If high vectors configured then
     PC = 0xFFFF0018
else
     PC = 0x00000018

当处理器发生 FIQ 异常中断时，系统将下一条指令的地址存入 R14_fiq，同时将 CPSR 的值复制到 SPSR_fiq 中；然后强制设置 CPSR 的值，使系统进入 FIQ 模式，同时切换到 ARM 状态；设置 CPSR 的 I 位和 F 位为 1，用来禁止 IRQ 中断和 IRQ 中断；最后设置 PC 使其从 FIQ 向量地址 0x0000001C（或者 0xFFFF001C）取下一条指令执行。伪代码描述如下：

R14_fiq = address of next instruction to be executed + 4
SPSR_fiq = CPSR
CPSR[4:0] = 0b10001   /＊进入 FIQ 模式＊/
CPSR[5] = 0   /＊在 ARM 状态执行＊/
CPSR[6] = 1   /＊禁止快速中断＊/
CPSR[7] = 1   /＊禁止正常中断＊/
If high vectors configured then
     PC = 0xFFFF001C
else
     PC = 0x0000001C

2. ARM 内核从异常返回

异常处理完毕后，可以通过以下的基本操作完成从异常中断处理程序中返回：

1）将链接寄存器 LR 的值减去相应的偏移量后送到 PC 中。

2）将 SPSR 的值复制回 CPSR 中。

3）清除中断禁止位。

异常返回时非常重要的问题是返回地址的确定。在上面提到进入异常时处理器会有一个保存 LR 的动作，但是该保存值并不一定是正确中断的返回地址。下面以 ARM 状态下三级指令流水线执行示例来对此加以说明，如图 2-2 所示。

在 ARM 体系结构里，PC 值指向当前执行指令的地址加 8 处。也就是说，当执行指令 A（地址 0x8000）时，PC 等于指令 C 的地址（0x8008）。假如指令 A 是"BL"指令，则当执行时，会把 PC（＝0x8008）保存到 LR 寄存器里面，但是接下去处理器会马上对 LR 进行一

图2-2   ARM 状态下三级指令流水线执行示例

个自动的调整动作：LR = LR − 0x4。这样，最终保存在 LR 里面的是 B 指令的地址，所以当从 BL 返回时，LR 里面恰好是正确的返回地址。

同样的调整机制在所有 LR 自动保存操作中都存在，比如进入中断响应时处理器所做的 LR 保存中，也进行了一次自动调整，并且调整动作都是 LR = LR − 0x4。

（1）SWI 和未定义指令异常中断返回

SWI 和未定义指令异常中断都是由当前执行的指令自身产生，所以这两种异常返回地址是一致的。下面以 SWI 为例，假设 A（地址 0x8000）为"SWI"指令。当执行指令 A 时，产生 SWI 异常中断，程序计数器 PC 的值还未更新，它指向当前指令后面第 2 条即 C 指令（地址 0x8008），处理器将值（PC − 4 = 0x8004）保存到 SWI 模式下 LR 寄存器，正是当前指令的下一条指令 B 处。因此，返回操作可以通过下面的指令来实现：

MOV   PC,LR

（2）FIQ 和 IRQ 异常中断返回

处理器执行完当前指令后，查询 IRQ 中断引脚及 FIQ 中断引脚，并且查看系统是否允许 IRQ 中断及 FIQ 中断。如果有中断引脚有效，并且系统允许该中断产生，处理器将产生 IRQ 异常中断或 FIQ 异常中断。

假设处理器执行完 A 指令后，查询中断引脚有效，产生 IRQ 或 FIQ 异常中断，当前 PC 值已经更新为 D 指令的地址（0x800C），处理器将值（PC − 4 = 0x8008）即 C 指令的地址保存到异常模式下的寄存器 LR 中。要想中断返回时执行 B 指令，可以通过下面的指令来实现：

SUBS   PC,LR,#4

（3）指令预取中止异常返回

在指令预取时，如果目标地址是非法的，该指令被标记成有问题的指令。这时，流水线上该指令之前的指令继续执行。当执行到该被标记成有问题的指令时，处理器产生指令预取中止异常中断。

当产生指令预取中止异常中断时，程序要返回到该有问题的指令处，重新读取并执行该指令。因此指令预取中止异常中断程序应该返回到产生该指令预取中止异常中断的指令处，而不是像前两种情况下返回到发生异常的指令的下一条指令。

指令预取中止异常中断是由当前执行的指令自身产生的，假设执行指令 A 时，产生指令预取中止异常中断，PC 值还未更新，它指向当前指令后面第 2 条即 C 指令（地址 0x8008），处理器将值（PC − 4 = 0x8004）即 B 指令地址，保存到异常模式下的 LR 寄存器。要想中断返回时 PC 指到 A 地址处，可以通过下面的指令来实现：

SUBS PC,LR,#4

（4）数据访问中止异常返回

当发生数据访问中止异常中断时，程序要返回到该有问题的数据访问处，重新访问该数据。因此数据访问中止异常中断程序应该返回到产生该数据访问中止异常中断的指令处。

数据访问中止异常中断是由数据访问指令产生的，假设执行指令 A 时，产生数据访问中止异常中断，PC 的值已经更新为 D 指令的地址（0x800C），处理器将值（PC − 4 = 0x8008）即 C 指令的地址保存到数据访问中止模式的 LR 中。要想中断返回到产生该数据访问中止的指令 A 处（地址 0x8000），可以通过下面的指令来实现：

SUBS PC,LR,#8

如果原来的指令执行状态是 Thumb，异常返回地址的分析与此类似，对 LR 的调整正好与 ARM 状态完全一致。

总结 7 种异常返回指令，见表 2-9。

表 2-9　异常返回指令表

异　　常	返　回　指　令	
软件中断	MOVS PC, LR	; R14_svc
未定义指令	MOVS PC, LR	; R14_und
快速中断 FIQ	SUBS PC, LR, #4	; R14_fiq
外部中断 IRQ	SUBS PC, LR, #4	; R14_irq
中止（预取指令）	SUBS PC, LR, #4	; R14_abt
中止（数据）	SUBS PC, LR, #8	; R14_abt
复位	NA（不需要返回）	

2.5.3　异常优先级

异常可以同时发生，此时处理器按表 2-10 中设置的优先级顺序处理异常。例如，处理器上电时发生复位异常，复位异常的优先级最高，所以当产生复位时，它将优先于其他异常得到处理。同样，当一个数据异常发生时，它将优先于除复位异常外的其他所有异常而得到处理。优先级最低的两种异常是软件中断异常和未定义指令异常。因为正在执行的指令不可能既是一条软中断指令，又是一条未定义指令，所以软中断异常和未定义指令异常享有相同的优先级。

表 2-10　ARM 处理器异常优先级

异　常　类　型	优　先　级
复位	1（最高优先级）
数据中止	2
FIQ	3
IRQ	4
预取中止	5
未定义指令	6
SWI	6（最低优先级）

2.6　ARM Cortex – A9 内核架构

2.6.1　ARM Cortex – A9 架构简介

　　ARM Cortex – A9 是性能很高的 ARM 处理器，可实现受到广泛支持的 ARMv7 体系结构的丰富功能。ARM Cortex – A9 的设计旨在打造最先进的、高效率的、长度动态可变的多指令执行超标量体系结构，提供采用乱序猜测方式执行的 8 阶段管道处理器。

　　ARM Cortex – A9 体系结构既可用于可伸缩的多核处理器（Cortex – A9 MPCore 多核处理器），也可用于更传统的处理器（Cortex – A9 单核处理器）。可伸缩的多核处理器和单核处理器支持 16KB、32KB 或 64KB 4 路关联的 L1 高速缓存配置，对于可选的 L2 高速缓存控制器，最多支持 8MB 的 L2 高速缓存配置，它们具有极高的灵活性，均适用于特定应用领域和市场。

2.6.2　ARM Cortex – A9 单核技术

　　ARM Cortex – A9 处理器拥有首屈一指的性能和功效，对于要求高性能、低功耗、成本敏感、基于单核处理器的设备，它无疑是理想的解决方案。通过一种方便的综合流程和 IP 交付包，ARM Cortex – A9 为要求更高性能、更高能耗效率的 ARM11 处理器设计提供了一个理想的升级途径，同时还能不增加硅成本和功耗，并保持兼容的软件环境。ARM Cortex – A9 单核处理器为独立指令和数据传输提供两个低延时的 Harvard 64bit AMBA 3 AXITM Master 接口，在通过内存缓存区复制数据时，每 5 个处理器周期能维持 4 次双字写入。ARM Cortex – A9 处理器为包括手机、高端消费类电子和企业产品在内的多种市场应用提供了一种具有可扩展性的解决方案，因为该款处理器满足了以下各项要求：

　　1）降低功耗、提升功效和性能。

　　2）提升峰值性能，适应各种要求最为严苛的应用。

　　3）开发不同设备时可复用软件和工具。

2.6.3　ARM Cortex – A9 多核技术

　　ARM Cortex – A9 多核处理器是一种设计定制型处理器，以集成缓存一致的方式支持 1 ~ 4 个 CPU。它可单独配置各处理器，设定其缓存大小以及是否支持 FPU、MPE 或 PTM 接口等。此外，无论采用何种配置，处理器都可应用一致性加速口（Accelerator Coherence Port），允许其他无缓冲的系统外设及加速器核与一级处理器缓存保持缓存一致。另外还集成了一种符合 GIC 架构的综合中断及通信系统，该系统配有专用外设，其性能和软件可移植性都更上一层楼。适当配置后，可支持 0 ~ 224 个独立中断资源。这种处理器可支持单个或两个 64bit AMBA 3 AXITM 互联接口。Cortex – A9 MPCore 多核处理器采用了通过硅验证的 ARM MPCore 技术的增强版，实现了可扩展型多核处理。ARM Cortex – A9 多核处理器的系统框图如图 2-3 所示。

　　ARM Cortex – A9 多核处理器是首款结合了 Cortex 应用级架构以及用于可扩展性能的多处理能力的 ARM 处理器，提供了下列多核技术。

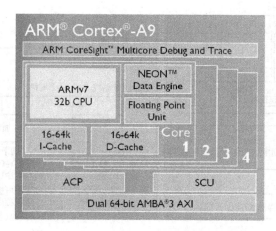

图 2-3　Cortex A9 多核处理器的系统框图

（1）侦测控制单元

侦测控制单元（Snoop Control Unit，SCU），通过 AXI 接口将 1～4 个 Cortex – A9 处理器连接到存储系统，相当于 ARM 多核技术的"中央情报局"，负责为支持 MPCore 技术的处理器提供互联、仲裁、通信、缓存间及系统内存传输、缓存一致性及其他多核功能的管理。同时，Cortex – A9 MPCore 处理器还率先向其他系统加速器及无缓冲的 DMA 驱动控制外设开启此类功能，通过处理器缓存层次的共享，有效地提高了性能、减少了整个系统的功耗水平。不仅如此，利用这种系统来维持每个操作系统驱动中的软件一致性，软件复杂性就大大降低了。

（2）一致性加速口

一致性加速口（Accelerator Coherence Port）用于提高系统性能和降低能耗，它和与 AMBA 3 AXI 兼容的 Slave 接口位于 SCU 之上，为多种系统 Master 接口提供了一个互联接口。出于总体系统性能、功耗或软件简化等方面的考虑，最好直接将这些 Master 接口与 Cortex – A9 MPCore 处理器相连。一致性加速口是标准的 AMBA 3 AXI Slave 接口，支持所有标准读写事务，对所接部件无任何附加一致性要求，如图 2-4 所示。

（3）通用中断控制器

通用中断控制器（Generic Interrupt Controller，GIC）用于软件移植和优化的多核通信。它采用了最新标准化和架构，为处理器间通信及系统中断的路由选择及优先级的确定提供了一种丰富而灵活的解决办法。GIC 最多支持 224 个独立中断，通过软件控制，可在整个 CPU 中对每个中断进行分配，确定其硬件优先级并在操作系统与信任区软件管理层之间进行路由。这种路由灵活性加上对中断虚拟进入操作系统的支持，是进一步提升基于半虚拟化管理器解决方案功能的关键因素之一。

（4）先进的总线接口单元

ARM Cortex – A9 MPCore 处理器提供了先进的总线接口单元（Advanced Bus Interface U-nit，ABIU），增强了处理器与系统互联之间的接口性能，为各种系统集成芯片设计理念创造了更大的灵活性，并可在高带宽设备中实现低延迟时间。

这种处理器支持单个或两个 64bit AMBA 3 AXI Master 接口的设计配置，可以按 CPU 的

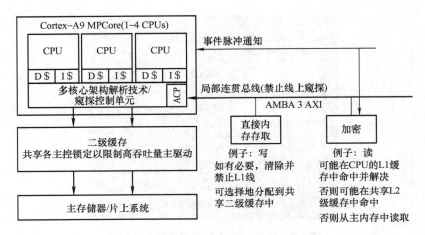

图 2-4　一致性加速口

速度全负荷地将事务传送至系统互联之中，最高速度可达 12GB/s 以上。另外，第二接口也可定义某种事务过滤，只处理全局地址空间的一部分。也就是说，可在处理器内部直接对地址空间进行切分。而且每个接口还支持不同的 CPU -总线频率比（包括同步半时钟比），不但提高了设计灵活性，而且为需要考虑 DVFS 或高速集成内存的设计增加了系统带宽。同时为完整的 ARM 智能能源管理（IEM）提供了良好的支持。

ARM 二级缓存控制器 PrimeCell PL310 与 Cortex - A9 系列处理器同步设计，旨在提供一种能匹配 Cortex - A9 处理器，性能和吞吐能力优化的二级缓存控制器。PL310 最多可为每个接口提供多项 Outstanding AXI 事务支持，支持按 Master 接口进行锁定。这样一来，通过将 PL310 用作加速器与处理器之间的缓冲器，充分利用一致性加速口，实现多个 CPU 或组件之间的可控共享，既提升了系统性能，也降低了相关功耗。

另外，PL310 不但具有 ARM Cortex - A9 先进总线接口单元的各项功能，支持同步 1/2 时钟比，有助于减少高速处理器设计中的延时现象，而且能够对第二 Master AXI 接口设置地址过滤，为分割地址和频率域以及集成片上内存的快速存取提供了支持。PL310 最高可支持 8 MB 的 4 ~ 16 路关联二级缓存，可以奇偶校验及支持 ECC 的 RAM 集成，而且运行速率能够与处理器保持一致。而先进的锁定技术也提供了必要的机制，将缓存用作相关性加速器和处理器之间的传输 RAM。

（5）多核 TrustZone 技术

TrustZone 是 ARM 针对消费电子设备安全所提出的一种架构。对于这种设备的安全威胁，可以有以下几种形态的安全解决方案。

1）外部的硬件安全模块，比如设备上的 SIM 卡。这种方式的优点是 SIM 卡具有特定的软硬件安全特性，能够保护卡内的密钥等资源，而且要攻破其防护所付出的代价很高。缺点是与设备的接口通信速度低，而且不能保护用户界面的安全，即与用户交互的数据的安全，所以在交易支付方面该方案还不能提供好的保护。

2）内部的硬件安全模块，即把类似于智能卡的功能直接放到 SoC 里面。这种方式也只能保护诸如密钥之类的资源，不能保护用户交互数据。在 SoC 里面有两个核：一个普通的 app 核和一个安全核，两个核之间的通信速度也会比较低。

3）软件虚拟化。虚拟化技术如果要保护用户界面的安全，就需要在 GPU 的控制上加入很多的验证，这对于图形处理的性能会产生较大影响。同时，调试端口也仍然是一个问题。

TrustZone 的硬件架构是整个系统设计过程中的安全体系的扩展，目标是防范设备可能遭受到的多种特定威胁（注意这种威胁除了来自恶意软件、黑作坊，还有可能来自设备的持有人）。系统的安全，是通过将 SoC 的硬件和软件资源划分到两个相对独立的部分来获得的，安全子系统对应的是安全空间，其他子系统对应的是普通空间。AMBA3 AXI 总线系统能确保安全空间的资源不会被普通空间所访问。而在 ARM 处理器核也有相应的扩展，来让两个空间的代码能分时运行在同一个核上，这样实际上节省了一个核。另一方面也是扩展了调试体系，使得安全空间的调试有相应的访问控制。

本 章 小 结

本章系统地介绍了 ARM 处理器体系结构的主要内容和 ARM Cortex - A9 处理器核的主要技术。熟练掌握本章内容，是进行 ARM 编程和设计的基础。

思 考 题

1. ARM 的处理器工作模式有哪些？ARM 如何进行处理器模式切换？
2. ARM 的特权模式有哪些？分别写出每个特权模式对应的寄存器。
3. ARM 的异常类型有哪些？简述 FIQ 异常的进入和退出流程。
4. ARM Cortex - A9 的多核如何协调工作？

第3章　ARM 处理器指令系统

本章主要介绍 ARM 指令中最常用、最基本的部分，即 ARMv4T 所包含的 ARM 指令集，并以此来介绍 ARM 指令集的特点和使用方法。ARMv4T 版本之后指令集所增加的指令，主要是针对各 ARM 处理核所对应的特色模块，其使用方法和最基本的 ARM 指令集是一样的。

3.1　ARM 指令集概述

ARM 处理器是基于精简指令集计算机（RISC）原理设计的，与基于复杂指令集原理设计的处理器相比，指令集和相关译码机制较为简单。ARM 指令有 32 位 ARM 指令集和 16 位 Thumb 指令集。ARM 指令集效率高，但是代码密度低；而 Thumb 指令集具有较高的代码密度，却仍然保持 ARM 的大多数性能上的优势，它是 ARM 指令集的子集。

所有的 ARM 指令都是可以有条件执行的，而 Thumb 指令仅有一条指令具备条件执行功能。ARM 程序和 Thumb 程序可相互调用，相互之间的状态切换开销几乎为零。

ARM 微处理器的指令集是加载/存储型的，即指令集仅能处理寄存器中的数据，而且处理结果都要放回寄存器中，而对系统存储器的访问则需要通过专门的加载/存储指令来完成。

ARM 指令集从 ARMv4 版本开始成熟，并广泛运用于各种等级的 ARM 处理器核，其主要的 ARM 指令集版本如下。

（1）ARMv4T

ARMv4T 是当前应用最广泛的 ARM 指令集版本。T 表示支持 16 位的 Thumb 指令集。ARM7TDMI、ARM720T、ARM9TDMI、ARM940T、ARM920T、Intel 的 StrongARM 等都是基于 ARMv4T 版本。

（2）ARMv5

ARM9E－S、ARM966E－S、ARM1020E、ARM 1022E 以及 XScale 是基于 ARMv5TE 版本的；ARM9EJ－S、ARM926EJ－S、ARM7EJ－S、ARM1026EJ－S 是基于 ARMv5EJ 版本的；ARM10 采用 ARMv5，后缀 E 表示增强型 DSP 指令集，包括全部算法和 16 位乘法操作，J 表示支持新的 Java。

（3）ARMv6

采用 ARMv6 指令集的 ARM 处理器核是 ARM11 系列，其中：ARM1136J（F）－S 基于 ARMv6，主要采用的代表性技术有 SIMD、Thumb、Jazelle、DBX、（VFP）、MMU；ARM1156T2（F）－S 基于 ARMv6T2，主要采用的代表性技术有 SIMD、Thumb－2、（VFP）、MPU；ARM1176JZ（F）－S 基于 ARMv6KZ，在 ARM1136EJ（F）－S 基础上增加 MMU、TrustZone；ARM11 MPCore 基于 ARMv6K，在 ARM1136EJ（F）－S 基础上可以包括 1~4 核 SMP、MMU。

（4）ARMv7－A

Cortex－A9 所隶属的 ARMv7－A 增加的指令主要包括：NEON 单指令多数据（SIMD）

单元、ARM trustZone 安全扩展以及 Thumb2 指令集。

3.2　ARM 指令的基本格式

　　ARM 指令集是 32 位的，单条指令具有条件执行功能和丰富的第二操作数选项，能够为编写高效的 ARM 处理器程序提供众多便利的特性。

3.2.1　ARM 指令集编码

　　不同的 ARM 体系结构版本支持的指令是不同的，但是新的版本一般都兼容以前的版本。ARM 指令集是以 32 位二进制编码的方式给出的，大部分的指令编码中定义了第一操作数、第二操作数、目的操作数、条件标志影响位。每条 32 位 ARM 指令对应不同的二进制编码方式，实现不同的指令功能。ARM 指令集编码如图 3-1 所示。

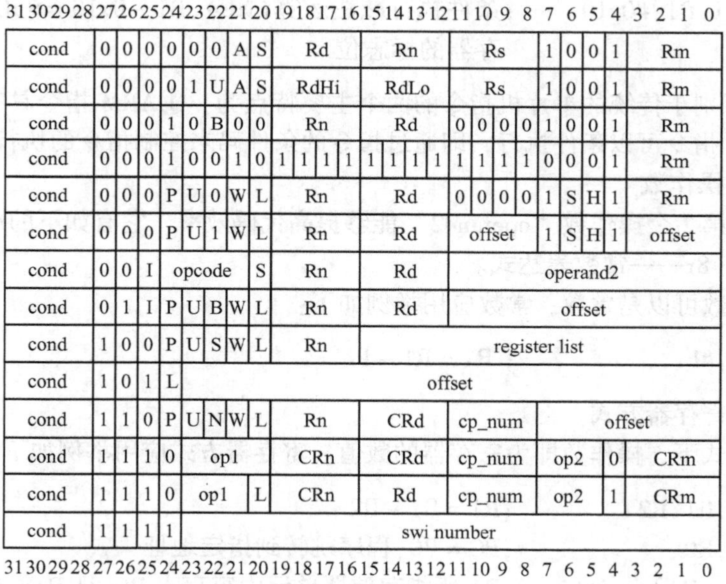

31 30 29 28 27 26 25 24 23 22 21 20 19 18 17 16 15 14 13 12 11 10 9 8 7 6 5 4 3 2 1 0

cond	0 0 0 0 0 0	A S	Rd	Rn	Rs	1 0 0 1	Rm
cond	0 0 0 0 1 U	A S	RdHi	RdLo	Rs	1 0 0 1	Rm
cond	0 0 0 1 0 B	0 0	Rn	Rd	0 0 0 0	1 0 0 1	Rm
cond	0 0 0 1 0 0 1 0	1 1 1 1	1 1 1 1	1 1 1 1	0 0 0 1	Rm
cond	0 0 0 P U 0 W L	Rn	Rd	0 0 0 0 1 S H 1	Rm
cond	0 0 0 P U 1 W L	Rn	Rd	offset	1 S H 1	offset
cond	0 0 I opcode S	Rn	Rd	operand2
cond	0 1 I P U B W L	Rn	Rd	offset
cond	1 0 0 P U S W L	Rn	register list
cond	1 0 1 L	offset
cond	1 1 0 P U N W L	Rn	CRd	cp_num	offset
cond	1 1 1 0 op1	CRn	CRd	cp_num	op2	0	CRm
cond	1 1 1 0 op1 L	CRn	Rd	cp_num	op2	1	CRm
cond	1 1 1 1	swi number

31 30 29 28 27 26 25 24 23 22 21 20 19 18 17 16 15 14 13 12 11 10 9 8 7 6 5 4 3 2 1 0

图 3-1　ARM 指令集编码

3.2.2　ARM 指令基本语法格式

　　ARM 指令基本语法格式如下：

　　< opcode > { < cond > } {S}　　< Rd > , < Rn > { , < operand2 > }

　　其中 < > 号内的项是必需的，{ } 号内的项是可选的。各项的说明如下：

　　opcode：指令助记符；

　　cond：执行条件；

　　S：是否影响 CPSR 寄存器的值；

　　Rd：目标寄存器；

　　Rn：第 1 个操作数的寄存器；

operand2：第 2 个操作数。

一个最基本的 ARM 指令组成示例见表 3-1。

表 3-1　基本 ARM 指令组成

指令语法	目标寄存器（Rd）	源寄存器 1（Rn）	源寄存器 2（Rm）
ADD r3，r1，r2	r3	r1	r2

通常一个 ARM 指令由指令助记符、目的寄存器、源寄存器 1 和源寄存器 2（第 2 个操作数的方式之一）组成，指令的功能通常是将源寄存器 1 和源寄存器 2 进行运算，然后将运算的结果存放在目的寄存器中。

指令格式举例如下：

LDR　　　　R0,［R1］　　　　　;读取 R1 地址上的存储器单元内容,无条件执行 BEQ
ADDS　　　R1,R1,#1　　　　　;加法指令,R1 = R1 + 1,影响 CPSR 寄存器的标志位
SUBNES　　R1,R1,#0x10　　　;条件执行减法运算(NE),R1 − 0x10 => R1,影响 CPSR 寄存器的标志位

ARM 指令区别于传统的单片机指令的两个主要特点为：①ARM 指令具有灵活的第二个操作数；②ARM 指令可以条件执行，即通过指令的条件码来控制指令的执行。

（1）第 2 个操作数

灵活地使用第 2 个操作数"operand2"能够提高代码效率。它有如下的形式：

1）#immed_ 8r——常数表达式。

第 2 个操作数可以是常数，常数应用举例如下：

SUB R1,R1,#1　　　　　　　; R1 = R1 − 1

2）Rm——寄存器方式。

在寄存器方式下，操作数即为寄存器的数值。寄存器方式应用举例如下：

SUB　　R1,R1,R2　　　　　;R1 = R1 − R2
MOV　　PC,R0　　　　　　;PC = R0,程序跳转到指定地址
LDR　　R0,［R1］,− R2　　;R1 所指存储器单元内容存入 R0,且 R1 = R1 − R2

3）Rm,shift——寄存器移位方式。

将寄存器的移位结果作为操作数，但 Rm 值保持不变，移位方法见表 3-2。

表 3-2　寄存器的移位说明

操作码	说　明	操作码	说　　　明
ASR #n	算术右移 n 位	ROR #n	循环右移 n 位
LSL #n	逻辑左移 n 位	RRX	带扩展的循环右移 1 位
LSR #n	逻辑右移 n 位	Type Rs	Type 为移位的一种类型，Rs 为偏移量寄存器，低 8 位有效

寄存器移位方式应用举例：

MOV R1,R1,LSR #3；R1 = R1/8

ADD R0,R1,R2, LSL #3；R0 = R1 + R2 * 8

（2）条件码

ARM 指令中条件码"cond"可以实现高效的逻辑操作，提高代码效率。所有的 ARM 指令都可以条件执行，而 Thumb 指令只有 B（跳转）指令具有条件执行功能。如果指令不标明条件代码，将默认为无条件（AL）执行。16 种指令的条件助记符及对应的含义见表 3-3。

表 3-3 指令的条件助记符及对应的含义

操作码	条件助记符	标志	含　义
0000	EQ	Z = 1	相等
0001	NE	Z = 0	不相等
0010	CS/HS	C = 1	无符号数大于或等于
0011	CC/LO	C = 0	无符号数小于
0100	MI	N = 1	负数
0101	PL	N = 0	正数或零
0110	VS	V = 1	溢出
0111	VC	V = 0	没有溢出
1000	HI	C = 1, Z = 0	无符号数大于
1001	LS	C = 0, Z = 1	无符号数小于或等于
1010	GE	N = V	有符号数大于或等于
1011	LT	N! = V	有符号数小于
1100	GT	Z = 0, N = V	有符号数大于
1101	LE	Z = 1, N! = V	有符号数小于或等于
1110	AL	任何	无条件执行（指令默认条件）
1111	NV	任何	从不执行（不要使用）

通过条件码的灵活使用可以编写出简洁高效的 ARM 代码。例如，常用的分支代码可利用 ARM 指令的条件执行来编写，示例如下：

C 代码：

If(a > b)

　　a ++ ;

Else

　　b ++ ;

对应的汇编代码为：

```
CMP R0,R1          ;R0(a)与 R1(b)比较
ADDHI R0,R0,#1     ;若 R0 > R1,则 R0 = R0 + 1
ADDLS R1,R1,#1     ;若 R0≤R1,则 R1 = R1 + 1
```

3.3 ARM 指令的寻址方式

寻址方式是根据指令中给出的地址码字段来实现寻找真实操作数地址的方式。ARM 处理器具有 9 种基本寻址方式：

立即寻址，寄存器寻址，寄存器偏移寻址，寄存器间接寻址，基址寻址，多寄存器寻址，堆栈寻址，块拷贝寻址，相对寻址。

（1）立即寻址

立即寻址指令中的操作码字段后面的地址码部分即是操作数本身，也就是说，数据就包含在指令当中，取出指令也就取出了可以立即使用的操作数。

立即寻址指令举例如下：

```
SUBS R0,R0,#1            ;R0 减 1,结果放入 R0,并且影响标志位
MOV R0,#0xFF000          ;将立即数 0xFF000 装入 R0 寄存器
```

立即数要求以"#"为前缀，对于以十六进制表示的立即数，要求在"#"后加上"0x"或"&"符号；对于二进制数要在"#"后加上"0b"；对于十进制数要在"#"后加上"0d"或什么也不加。

这里值得注意的是有效立即数问题。

ARM 的 32 位指令编码中，如果立即数是 8 位的，那么可以在 32 位编码中直接表示。但是，立即数也可能是 32 位的。如何在 32 位 ARM 指令编码中存放 32 位立即数？ARM 指令采用一种间接的方法存放 32 位立即数。

在 ARM 数据处理指令中，当参与操作的第 2 操作数为立即数时，这个立即数就采用一个 8 位的常数循环右移偶数位而间接得到。可以用下面公式表示：

$<immediate> = immed\_8$ 循环右移$(rotate\_imm * 2)$

其中：

$<immediate>$	表示有效立即数；
immed_8	表示 8 位常数；
rotate_imm	表示 4 位的循环右移值；
rotate_imm * 2	表示循环右移的位数是一个 4 位二进制数 rotate_imm 的两倍。

例如，0x3F0 用这种编码方式可以表示为：

$immed\_8 = 0x3F, rotate\_imm = 0xE$

采用这种间接表示方法，一个 32 位立即数在 32 位指令编码中就可以用 12 位编码来表示，即 4 位 rotate_imm，8 位 immed_8。这种表示方法的问题是，不是所有 32 位立即数都是有效的立即数，只有可以通过上面公式得到的才是有效的立即数，因此在使用立即数时应引起注意。

有效的立即数：

0xFF,0x104,0xFF0,0xFF00,0xFF000,0xFF000000,0xF000000F；

无效的立即数：

0x101,0x102,0xFF1,0xFF04,0xFF003,0xFFFFFFFF,0xF000001F。

（2）寄存器寻址

操作数的值在寄存器中，指令中的地址码字段指出的是寄存器编号，指令执行时直接取

出寄存器值来操作。

寄存器寻址指令举例如下：

MOV R1,R2   ; R1 = R2
SUB R0,R1,R2   ;将 R1 的值减去 R2 的值,结果保存到 R0,即 R0 = R1 − R2。

（3）寄存器移位寻址

寄存器移位寻址是 ARM 指令集特有的寻址方式。当第 2 个操作数是寄存器移位方式时,第 2 个寄存器操作数在与第 1 个操作数结合之前,选择进行移位操作。

寄存器移位寻址指令举例如下：

MOV R0,R2,LSL #3   ;R2 的值左移 3 位,结果放入 R0,即 R0 = R2 × 8
ANDS R1,R1,R2,LSL R3 ;R2 的值左移 R3 位,然后和 R1 相加,结果存放在 R1 中
ADD R3,R2,R1,LSL #3 ;R1 的值左移 3 位,然后和 R2 相加,结果存放在 R3 中,即 R3 = R2 + 8 * R1

对一个 32 位的寄存器进行移位操作,有逻辑左移、逻辑右移、算术右移、循环右移和扩展为 1 的循环右移,其对应的指令符号和操作如下：

LSL 逻辑左移(Logical Shift Left)
LSR 逻辑右移(Logical Shift Right)
ASR 算术右移(Arithmetic Shift Right)
ROR 循环右移(Rotate Right)
RRX 扩展的循环右移(Rotate Right eXtended by 1 place)

这些移位操作过程如图 3-2 所示。

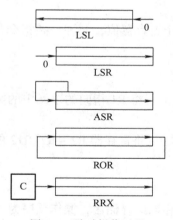

图 3-2 移动操作过程

（4）寄存器间接寻址

寄存器间接寻址指令中的地址码给出的是一个通用寄存器的编号,所需的操作数保存在寄存器指定地址的存储单元中,即寄存器为操作数的地址指针。寄存器间接寻址指令举例如下：

LDR R1,[R2]　　　　　　;将 R2 指向的存储单元的数据读出保存在 R1 中
SWP　　R1,R1,[R2]　　　　;将寄存器 R1 的值和 R2 指定的存储单元的内容交换

（5）基址寻址

基址寻址就是将基址寄存器的内容与指令中给出的偏移量相加，形成操作数的有效地址。基址寻址指令举例如下：

LDR　　R2,[R3,#0x0C]　　;读取 R3 +0x0C 地址上的存储单元的内容，放入 R2
STR　　R1,[R0,# -4]!　　 ;先 R0 = R0 -4,然后把 R1 的值保存到 R0 指定的存储单元

基址寻址常用于访问基地址附近的存储单元，包括前索引寻址、带自动索引的前索引寻址、后索引寻址和基址加索引寻址。

1）基址加偏移——前索引寻址

LDR R0, [R1, #4]；将 R1 +4 指向的存储单元的数据读出保存在 R0 中，即 R0←[R1 +4]。

2）基址加偏移——带自动索引的前索引寻址

LDR R0, [R1, #4]!；将 R1 +4 指向的存储单元的数据读出保存在 R0 中，并将地址 R1 寄存器加 4（加 "!"，通常表示要根据指令处理结果更新地址寄存器），即 R0←[R1 + 4], R1 = R1 +4。

3）基址加偏移——后索引寻址

LDR R0, [R1], #4；将 R1 指向的存储单元的数据读出保存在 R0 中，然后将地址 R1 寄存器加 4，即 R0←[R1], R1 = R1 +4。

4）基址加索引寻址

LDR R0, [R1, R2]；将 R2 + R1 指向的存储单元的数据读出保存在 R0 中，即 R0←[R1 + R2]。

（6）多寄存器寻址

多寄存器寻址一次可传送几个寄存器值，允许一条指令传送 16 个寄存器的任何子集或所有寄存器。

多寄存器寻址指令举例如下：

LDMIA　　R1!,{R2 -R7,R12}　　;将 R1 指向的单元中的数据读出到 R2 ~ R7、R12 中，R1 自动加 1。

STMIA　　R0!,{R2 -R7,R12}　　;将寄存器 R2 ~ R7、R12 的值保存到 R0 指向的存储单元中，R0 自动加 1。

（7）堆栈寻址

堆栈是一个按特定顺序进行存取的存储区，操作顺序为 "后进先出"。堆栈寻址是隐含的，它使用一个专门的寄存器（堆栈指针）指向一块存储区域（堆栈），指针所指向的存储单元即是堆栈的栈顶。存储器堆栈可分为两种：

1）向上生长：向高地址方向生长，称为递增堆栈；

2）向下生长：向低地址方向生长，称为递减堆栈。

堆栈指针指向最后压入的堆栈的有效数据项，称为满堆栈；堆栈指针指向下一个待压入数据的空位置，称为空堆栈。所以可以组合出 4 种类型的堆栈方式：

1）满递增：堆栈向上增长，堆栈指针指向内含有效数据项的最高地址。指令如 LDM-FA、STMFA 等。

2）空递增：堆栈向上增长，堆栈指针指向堆栈上的第一个空位置。指令如 LDMEA、STMEA 等。

3）满递减：堆栈向下增长，堆栈指针指向内含有效数据项的最低地址。指令如 LDM-FD、STMFD 等。

4）空递减：堆栈向下增长，堆栈指针向堆栈下的第一个空位置。指令如 LDMED、ST-MED 等。

注意：不论压栈过程还是出栈过程，存储器中的高地址的数据都对应高编号寄存器，并且与大括号中寄存器的排放顺序无关。

（8）块复制寻址

寄存器传送指令用于将一块数据从存储器的某一位置复制到另一位置。如：

```
STMIA    R0!,{R1－R7}    ;将 R1～R7 的数据保存到存储器中
                        ;存储指针在保存第一个值之后增加
                        ;增长方向为向上增长
STMIB    R0!,{R1－R7}    ;将 R1～R7 的数据保存到存储器中
                        ;存储指针在保存第一个值之前增加
                        ;增长方向为向上增长
```

根据地址增加的先后顺序，可分为 4 种指令：

1）地址增加在先（IB）：STMIB，LDMIB

2）地址增加在后（IA）：STMIA，LDMIA

3）地址减少在先（DB）：STMDB，LDMDB

4）地址减少在后（DA）：STMDA，LDMDA

（9）相对寻址

相对寻址是基址寻址的一种变通。由程序计数器 PC 提供基准地址，指令中的地址码字段作为偏移量，两者相加后得到的地址即为操作数的有效地址。

相对寻址指令举例如下：

```
BL    SUBR1 ;通过 BL 指令调用到 SUBR1 子程序
             ;程序跳转地址为 PC 提供基准地址加上相对于 SUBRl 的偏移量
      …
SUBR1
      …
      MOV PC,R14;返回
```

3.4 ARM 存储器访问指令

ARM 处理器是典型的 RISC 处理器，对存储器的访问只能使用加载和存储指令实现。ARM 处理器是冯·诺依曼存储结构，程序空间、RAM 空间及 I/O 映射空间统一编址，对外

围 I/O、程序数据的访问均要通过加载/存储指令进行。

存储器访问指令分为单寄存器操作指令和多寄存器操作指令以及寄存器交换指令。

1. 单寄存器操作指令

单寄存器操作指令,见表3-4。

表 3-4　单寄存器操作指令

助 记 符	说 明	操 作	条件码位置
LDR　Rd, addressing	加载字数据	Rd←[addressing],addressing 索引	LDR {cond}
LDRB　Rd, addressing	加载无符号字节数据	Rd←[addressing],addressing 索引	LDR {cond} B
LDRT　Rd, addressing	以用户模式加载字数据	Rd←[addressing],addressing 索引	LDR {cond} T
LDRBT　Rd, addressing	以用户模式加载无符号字节数据	Rd←[addressing],addressing 索引	LDR {cond} BT
LDRH　Rd, addressing	加载无符号半字数据	Rd←[addressing],addressing 索引	LDR {cond} H
LDRSB　Rd, addressing	加载有符号字节数据	Rd←[addressing],addressing 索引	LDR {cond} SB
LDRSH　Rd, addressing	加载有符号半字数据	Rd←[addressing],addressing 索引	LDR {cond} SH

单寄存器存储指令见表3-5。

表 3-5　单寄存器存储指令

助 记 符	说 明	操 作	条件码位置
STR　Rd, addressing	存储字数据	[addressing]←Rd,addressing 索引	STR {cond}
STRB　Rd, addressing	存储字节数据	[addressing]←Rd,addressing 索引	STR {cond} B
STRT　Rd, addressing	以用户模式存储字数据	[addressing]←Rd,addressing 索引	STR {cond} T
STRBT　Rd, addressing	以用户模式存储字节数据	[addressing]←Rd,addressing 索引	STR {cond} BT
STRH　Rd, addressing	存储半字数据	[addressing]←Rd,addressing 索引	STR {cond} H

LDR/STR 指令用于对内存变量的访问、内存缓冲区数据的访问、查表、外围部件的控制操作等。若使用 LDR 指令加载数据到 PC 寄存器,则实现程序跳转功能。

LDR/STR 指令寻址非常灵活,它由两部分组成,其中一部分为一个基址寄存器,可以为任一个通用寄存器;另一部分为一个地址偏移量。地址偏移量有以下 3 种格式:

(1) 立即数

立即数可以是一个无符号的数值。这个数据可以加到基址寄存器,也可以从基址寄存器中减去这个数值。指令举例如下:

LDR　R1,[R0,#0x12]　　;将 R0 +0x12 地址处的数据读出,保存到 R1 中(R0 的值不变)
LDR　R1,[R0,# -0x12]　;将 R0 -0x12 地址处的数据读出,保存到 R1 中(R0 的值不变)

(2) 寄存器

寄存器中的数值可以加到基址寄存器,也可以从基址寄存器中减去这个数值。指令举例如下:

LDR　　R1,[R0,R2]　;将 R0 + R2 地址处的数据读出,保存到 R1 中
LDR　　R1,[R0, - R2]　;将 R0 - R2 地址处的数据读出,保存到 R1 中

（3）寄存器及移位常数

寄存器移位后的值可以加到基址寄存器，也可以从基址寄存器中减去这个数值。指令举例如下：

LDR　R1，[R0，R2，LSL #2]　;将 R0 + R2 ×4 地址处的数据读出，保存到 R1 中（R0、R2 的值不变）

LDR　R1，[R0，−R2，LSL #2]　;将 R0 − R2 ×4 地址处的数据读出，保存到 R1 中（R0、R2 的值不变）

LDR/STR 指令可加载有符号半字或字节，也可加载/存储无符号半字或字节。有符号位半字/字节加载是指用符号位加载扩展到 32 位，无符号半字/字节加载是指用零扩展到 32 位。

如存储地址 0x40000000 存放一个字数据 −8，补码表示为 0XFFFFFFF8，存储格式为小端模式，R0 寄存器的内容为 0x40000000，则分别执行以下操作后，可以得到 R2 寄存器的内容。

LDR　　　R2，[R0]；字数据读取，R2 = 0XFFFFFFF8，为 −8 的补码表示

LDRH　　R2，[R0]；无符号半字数据读取，R2 = 0XFFF8

LDRB　　R2，[R0]；无符号字节数据读取，R2 = 0XF8

LDRSH　　R2，[R0]；有符号半字数据读取，R2 = 0XFFFFFFF8

LDRSB　　R2，[R0]；有符号字节数据读取，R2 = 0XFFFFFFF8

通过上面的指令例子可知，LDR、LDRSH 和 LDRSB 执行后，R2 从存储器中读到的是有符号数 −8 的 32 位补码表示 0XFFFFFFF8。

2. 多寄存器操作指令

LDM 和 STM 为多寄存器操作指令，可以实现在一组寄存器和一块连续的内存单元之间传输数据。LDM 为加载多个寄存器；STM 为存储多个寄存器。多寄存器操作指令允许一条指令传送 16 个寄存器的任何子集或所有寄存器，指令格式如下：

LDM{cond} <模式> Rn{!}，reglist{^}

STM{cond} <模式> Rn{!}，reglist{^}

LDM 和 STM 的主要用途是现场保护、数据复制、常数传递等。

多寄存器加载/存储指令的 8 种模式见表 3-6，右边四种为堆栈操作、左边四种为数据传送操作。

表 3-6　多寄存器加载/存储指令的 8 种模式

模式	说　明	模式	说　明
IA	每次传送后地址加 4	FD	满递减堆栈
IB	每次传送前地址加 4	ED	空递减堆栈
DA	每次传送后地址减 4	FA	满递增堆栈
DB	每次传送前地址减 4	EA	空递增堆栈
数据块传送操作		堆栈操作	

进行数据复制时，先设置好源数据指针和目标指针，然后使用块复制寻址指令 LDMIA/STMIA、LDMIB/STMIB、LDMDA/STMDA、LDMDB/STMDB 进行读取和存储。

进行堆栈操作时，要先设置堆栈指针（SP），然后使用堆栈寻址指令 STMFD/LDMFD 、STMED/LDMED、STMFA/LDMFA 和 STMEA/LDMEA 实现堆栈操作。指令格式中，寄存器 Rn 为基址寄存器，装有传送数据的初始地址，Rn 不允许为 R15。后缀"!"表示最后的地址写回到 Rn 中。寄存器列表 reglist 可包含多于一个寄存器或包含寄存器范围，使用","分开，如 {R1，R2，R6 – R9}，寄存器按由小到大排列。后缀"^"不允许在用户模式或系统模式下使用。若在 LDM 指令且寄存器列表中包含有 PC 时使用，那么除了正常的多寄存器传送外，将 SPSR 也复制到 CPSR 中，这可用于异常处理返回。使用后缀"^"进行数据传送且寄存器列表不包含 PC 时，加载/存储的是用户模式的寄存器，而不是当前模式的寄存器。当 Rn 在寄存器列表中且使用后缀"!"时，对于 STM 指令，若 Rn 为寄存器列表中的最低数字的寄存器，则会将 Rn 的初值保存；其他情况下 Rn 的加载值和存储值不可预知。举例如下：

```
LDMIA    R0!,{R3 – R9} ;加载 R0 指向地址上的多字数据,保存到 R3～R9 中,R0 值
                           更新
STMIA    R1!,{R3 – R9} ;将 R3～R9 的数据存储到 R1 指向的地址上,R1 值更新
STMFD    SP!,{R0 – R7,LR}    ;现场保存,将 R0～R7、LR 存入堆栈栈
LDMFD    SP!,{R0 – R7,PC}    ;恢复现场,异常处理返回
```

3. 寄存器和存储器交换指令

SWP 指令用于将一个内存单元（该单元地址放在寄存器 Rn 中）的内容读取到一个寄存器 Rd 中，同时将另一个寄存器 Rm 的内容写入到该内存单元中。使用 SWP 可实现信号量操作，指令格式如下：

```
SWP{cond}{B}        Rd,Rm,[Rn]
```

其中，B 为可选后缀，若有 B，则交换字节，否则交换 32 位字；Rd 用于保存从存储器中读入的数据；Rm 的数据用于存储到存储器中，若 Rm 与 Rd 相同，则为寄存器与存储器内容进行交换；Rn 为要进行数据交换的存储器地址，Rn 不能与 Rd 和 Rm 相同。

SWP 指令应用示例：

```
SWP R1,R1,[R0]  ;将 R1 的内容与 R0 指向的存储单元的内容进行交换
SWPB R1,R2,[R0] ;将 R0 指向的存储单元内容读取 1 字节数据到 R1 中,
                 ;高 24 位清零,并将 R2 的内容写入到该内存单元中,
                 ;最低字节有效
```

3.5　ARM 数据处理指令

数据处理指令主要包含数据传送指令、算术运算指令、逻辑运算指令、比较指令和乘法指令。

数据处理指令只能对寄存器的内容进行操作，而不能对内存中的数据进行操作。所有 ARM 数据处理指令均可选择使用后缀 S，并影响状态标志。比较指令 CMP、CMN、TST 和

TEQ 不需要后缀 S, 它们会直接影响状态标志。

在数据处理指令中, 除了比较指令以外, 其他的指令如果带有 S 后缀, 同时又以 pc 为目标寄存器进行操作, 则操作的同时把 SPSR 的内容恢复到 CPSR 中。比如:

```
MOVS PC, #0XFF             ; CPSR = SPSR; PC = 0XFF
ADDS PC, R1, #0XFFFFFF00   ; CPSR = SPSR; PC = R1 + 0XFFFFFF00
ANDS PC, R1, R2            ; CPSR = SPSR; PC = R1 & R2
```

如果在 user 或者 system 模式下使用带有后缀 S 的数据处理指令, 同时以 PC 为目标寄存器, 那么会产生不可预料的结果。因为 user 和 system 模式下没有 SPSR。

利用数据处理指令 S 后缀, 结合 ARM 指令的条件执行功能, 可为程序员设计高效 ARM 代码提供便利。如程序设计中常用的循环代码可用 SUBS 和 BNE 进行设计。示例如下:

C 代码:

```
for( i = 100; i! = 0; i - - )
```

对应的汇编代码:

```
    MOV    R0,#100
LOOP
    SUBS   R0,R0,#1    ;R0 减 1,影响标志位
    BNE    LOOP        ;不等于 0,运行下一循环
```

需要注意的是: 除比较指令 CMP、CMN、TST 和 TEQ 外的数据处理指令必须加 S 后缀才能影响 CPSR 中状态标志, 而后的条件指令才能利用数据处理运算结果进行程序控制, 如将之上的循环代码中的 "SUBS R0, R0, #1" 改成 "SUB R0, R0, #1", BNE 指令执行所依据的条件将不是指令 "SUB R0, R0, #1" 的运行结果, 而是沿用指令执行之前的 CPSR 状态, 这样可能陷入死循环 (如果之前代码的 'NE' 是成立的)。

1. 数据传送指令

数据传送指令见表 3-7。

表 3-7 数据传送指令

助记符	说　明	操　作	条件码位置
MOV Rd, operand2	数据传送	Rd→operand2	MOV {cond} {S}
MVN Rd, operand2	数据非传送	Rd→ (~ operand2)	MVN {cond} {S}

(1) 数据传送指令 MOV

MOV 指令将立即数或寄存器传送到目标寄存器 Rd, 第 2 操作数 operand2 可移位运算等操作。指令格式如下:

```
MOV{cond}{S}    Rd,operand2
```

MOV 指令举例如下:

```
MOVS   R3,R1,LSL #2    ;R3 = R1 << 2,并影响标志位
```

```
MOV    PC,LR                    ;PC = LR,子程序返回
```

（2）数据非传送指令 MVN

MVN 指令将立即数或寄存器（第 2 操作数 operand2）按位取反后传送到目标寄存器 Rd。指令格式如下：

```
MVN  {cond} {S}        Rd, operand2
```

MVN 指令举例如下：

```
MVN    R1,#0xFF          ;R1 = 0xFFFFFF00
MVN    R1,R2             ;将 R2 取反,结果存到 R1
```

2. 算术运算指令

算术运算指令见表 3-8。

表 3-8 算术运算指令

助记符	说　明	操　作	条件码位置
ADD Rd, Rn, operand2	加法运算指令	Rd←Rn + operand2	ADD {cond} {S}
SUB Rd, Rn, operand2	减法运算指令	Rd←Rn – operand2	SUB {cond} {S}
RSB Rd, Rn, operand2	逆向减法指令	Rd←operand2 – Rn	RSB {cond} {S}
ADC Rd, Rn, operand2	带进位加法	Rd←Rn + operand2 + Carry	ADC {cond} {S}
SBC Rd, Rn, operand2	带进位减法指令	Rd←Rn – operand2 – (NOT) Carry	SBC {cond} {S}
RSC Rd, Rn, operand2	带进位逆向减法指令	Rd←operand2 – Rn – (NOT) Carry	RSC {cond} {S}

（1）加法运算指令 ADD

ADD 指令将 operand2 的值与 Rn 的值相加，结果保存到寄存器 Rd。指令格式如下：

```
ADD{cond} {S}        Rd,Rn,operand2
```

应用示例：

```
ADDS     R1,R1,#1                ;R1 = R1 + 1,并影响标志位
ADDS     R3,R1,R2,LSL #2         ; R3 = R1 + R2 << 2
```

（2）减法运算指令 SUB

SUB 指令用寄存器 Rn 减去 operand2，结果保存到 Rd 中。指令格式如下：

```
SUB{cond} {S}        Rd,Rn,operand2
```

应用示例：

```
SUBS     R0,R0,#1                ;R0 = R0 – 1
SUB      R6,R7,#0x10             ; R6 = R7 – 0x10
```

（3）逆向减法运算指令 RSB

RSB 指令将 operand2 的值减去 Rn，结果保存到 Rd 中。指令格式如下：

```
RSB{cond} {S}        Rd,Rn,operand2
```

应用示例：

RSB　　　R3,R1,#0xFF00　　　　　　　　;R3 = 0xFF00 - R1
RSBS　　R1,R2,R2,LSL #2;R1 = (R2 << 2) - R2 = R2 × 3

（4）带进位加法指令 ADC

ADC 将 operand2 的值与 Rn 的值相加，再加上 CPSR 中的 C 条件标志位，结果保存到 Rd 寄存器。指令格式如下：

ADC{cond}{S}　　　Rd,Rn,operand2

应用示例：

ADDS　　　R0,R0,R2;使用 ADC 实现 64 位加法
ADC　R1,R1,R3　　　　　　　　　;(R1、R0) = (R1、R0) + (R3、R2)

（5）带进位减法指令 SBC

SBC 用寄存器 Rn 减去 operand2，再减去 CPSR 中的 C 条件标志位的非（即若 C 标志清零，则结果减去 1），结果保存到 Rd 中。指令格式如下：

SBC{cond}{S}　　　Rd,Rn,operand2

应用示例：

SUBS　　　R0,R0,R2 ;使用 SBC 实现 64 位减法
SBC　　　R1,R1,R3 ;(R1、R0) = (R1、R0) - (R3、R2)

（6）带进位逆向减法指令 RSC

RSC 指令用寄存器 operand2 减去 Rn，再减去 CPSR 中的 C 条件标志位，结果保存到 Rd 中。指令格式如下：

RSC{cond}{S}　　　Rd,Rn,operand2

应用示例：

RSBS　　　R2,R0,#0
RSC　　　R3,R1,#0 ;使用 RSC 指令实现求 64 位数值的负数

3. 逻辑运算指令

逻辑运算指令见表 3-9。

表 3-9　逻辑运算指令

助记符	说　明	操　作	条件码位置
AND　Rd, Rn, operand2	逻辑与操作指令	Rd←Rn & operand2	AND {cond} {S}
ORR　Rd, Rn, operand2	逻辑或操作指令	Rd←Rn ∣ operand2	ORR {cond} {S}
EOR　Rd, Rn, operand2	逻辑异或操作指令	Rd←Rn ^ operand2	EOR {cond} {S}
BIC　Rd, Rn, operand2	位清除指令	Rd←Rn & (~operand2)	BIC {cond} {S}

（1）逻辑与操作指令 AND

AND 指令将 operand2 的值与寄存器 Rn 的值按位作逻辑"与"操作，结果保存到 Rd 中。指令格式如下：

AND{cond}{S}　　　Rd,Rn,operand2

应用示例：

ANDS　　　R0,R0,#0x01　　　　;R0 = R0&0x01,取出最低位数据
AND　　　　R2,R1,R3　　　　　;R2 = R1&R3

（2）逻辑或操作指令 ORR

ORR 指令将 operand2 的值与寄存器 Rn 的值按位作逻辑"或"操作，结果保存到 Rd 中。指令格式如下：

ORR{cond}{S}　　　Rd,Rn, operand2

应用示例：

ORR　　　R0,R0,#0x0F　　　　;将 R0 的低 4 位置 1

（3）逻辑异或操作指令 EOR

EOR 指令将 operand2 的值与寄存器 Rn 的值按位作逻辑"异或"操作，结果保存到 Rd 中。指令格式如下：

EOR{cond}{S}　　　Rd,Rn, operand2

应用示例：

EOR　　　R1,R1,#0x0F　　　　;将 R1 的低 4 位取反
EORS　　　R0,R5,#0x01　　　; 将 R5 和 0x01 进行逻辑异或
　　　　　　　　　　　　　　　;结果保存到 R0,并影响标志位

（4）位清除指令 BIC

BIC 指令将寄存器 Rn 的值与 operand2 的值的反码按位作逻辑"与"操作，结果保存到 Rd 中。指令格式如下：

BIC{cond}{S}　　　Rd,Rn, operand2

应用示例：

BIC　　　R1,R1,#0x0F　　　　;将 R1 的低 4 位清零,其他位不变

4. 比较指令

比较指令见表 3-10。

表 3-10　比较指令

助记符	说　明	操　作	条件码位置
CMP　Rn, operand2	比较指令	标志 N、Z、C、V←Rn − operand2	CMP {cond}
CMN　Rn, operand2	负数比较指令	标志 N、Z、C、V←Rn + operand2	CMN {cond}
TST　Rn, operand2	位测试指令	标志 N、Z、C、V←Rn&operand2	TST {cond}
TEQ　Rn, operand2	相等测试指令	标志 N、Z、C、V←Rn^operand2	TEQ {cond}

（1）比较指令 CMP

CMP 指令将寄存器 Rn 的值减去 operand2 的值，根据操作的结果更新 CPSR 中的相应条件标志位，以便后面的指令根据相应的条件标志来判断是否执行。指令格式如下：

CMP{cond} Rn, operand2

应用示例：

CMP   R1,#10   ; R1 与 10 比较,设置相关标志位

（2）负数比较指令 CMN

CMN 指令使用寄存器 Rn 的值加上 operand2 的值，根据操作的结果更新 CPSR 中的相应条件标志位，以便后面的指令根据相应的条件标志来判断是否执行。指令格式如下：

应用示例：

CMN   R0,#1   ;R0 + 1,判断 R0 是否为 1 的补码。若是,则 CPSR 中 Z 标志位置 1

（3）位测试指令 TST

TST 指令将寄存器 Rn 的值与 operand2 的值按位作逻辑"与"操作，根据操作的结果更新 CPSR 中的相应条件标志位，以便后面的指令根据相应的条件标志来判断是否执行。指令格式如下：

TST{cond}   Rn, operand2

应用示例：

TST R0,#0x01   ; 判断 R0 的最低位是否为 0
TST R1,#0x0F   ; 判断 R1 的低 4 位是否为 0

注意：TST 指令与 ANDS 指令的区别在于 TST 指令不保存运算结果。TST 指令通常与 EQ、NE 条件码配合使用，当所有测试位均为 0 时，EQ 有效，而只要有一个测试位不为 0，则 NE 有效。

（4）相等测试指令 TEQ

TEQ 指令将寄存器 Rn 的值与 operand2 的值按位作逻辑"异或"操作，根据操作的结果更新 CPSR 中的相应条件标志位，以便后面的指令根据相应的条件标志来判断是否执行。指令格式如下：

TEQ{cond}   Rn, operand2

应用示例：

TEQ R0,R1   ; 比较 R0 与 R1 是否相等(不影响 V 位和 C 位)

注意：TEQ 指令与 EORS 指令的区别在于 TEQ 指令不保存运算结果。使用 TEQ 进行相等测试时，常与 EQ、NE 条件码配合使用。当两个数据相等时，EQ 有效；否则 NE 有效。

5. 乘法指令

ARM7TDMI 具有 3 种乘法指令，分别为 32×32 位乘法指令，32×32 位乘加指令，32×32 位结果为 64 位的乘/乘加指令。乘法指令见表 3-11。

表 3-11 乘法指令

助记符	说　明	操　作	条件码位置
MUL　Rd, Rm, Rs	32 位乘法指令	Rd←Rm * Rs（Rd≠Rm）	MUL｛cond｝｛S｝
MLA　Rd, Rm, Rs, Rn	32 位乘加指令	Rd←Rm * Rs + Rn（Rd≠Rm）	MLA｛cond｝｛S｝
UMULL　RdLo, RdHi, Rm, Rs	64 位无符号乘法指令	（RdLo, RdHi）←Rm * Rs	UMULL｛cond｝｛S｝
UMLAL　RdLo, RdHi, Rm, Rs	64 位无符号乘加指令	（RoLo, RdHi）←Rm * Rs +（RdLo, RdHi）	UMLAL｛cond｝｛S｝
SMULL　RdLo, RdHi, Rm, Rs	64 位有符号乘法指令	（RoLo, RdHi）←Rm * Rs	SMULL｛cond｝｛S｝
SMLAL　RdLo, RdHi, Rm, Rs	64 位有符号乘加指令	（RoLo, RdHi）←Rm * Rs +（RdLo, RdHi）	SMLAL｛cond｝｛S｝

（1）32 位乘法指令 MUL

MUL 指令将 Rm 和 Rs 中的值相乘，结果的低 32 位保存到 Rd 中。指令格式如下：

MUL｛cond｝｛S｝　　　Rd, Rm, Rs

应用示例：

MUL　　　R1, R2, R3　　　;R1 = R2 × R3
MULS　　R0, R3, R7　　;R0 = R3 × R7，同时影响 CPSR 中的 N 位和 Z 位

（2）32 位乘加指令 MLA

MLA 指令将 Rm 和 Rs 中的值相乘，再将乘积加上第 3 个操作数，结果的低 32 位保存到 Rd 中。指令格式如下：

MLA｛cond｝｛S｝　　　Rd, Rm, Rs, Rn

应用示例：

MLA　　　R1, R2, R3, R0　　　　; R1 = R2 × R3 + R0

（3）64 位无符号乘法指令 UMULL

UMULL 指令将 Rm 和 Rs 中的值作无符号数相乘，结果的低 32 位保存到 RdLo 中，而高 32 位保存到 RdHi 中。指令格式如下：

UMULL｛cond｝｛S｝　　　RdLo, RdHi, Rm, Rs

应用示例：

UMULL　　R0, R1, R5, R8;（R1、R0）= R5 × R8

（4）64 位无符号乘加指令 UMLAL

UMLAL 指令将 Rm 和 Rs 中的值作无符号数相乘，64 位乘积与 RdHi、RdLo 相加，结果的低 32 位保存到 RdLo 中，而高 32 位保存到 RdHi 中。指令格式如下：

UMLAL｛cond｝｛S｝　　　RdLo, RdHi, Rm, Rs

应用示例：

UMLAL　　R0,R1,R5,R8　　;（R1、R0）= R5 × R8 +（R1、R0）

（5）64 位有符号乘法指令 SMULL

SMULL 指令将 Rm 和 Rs 中的值作有符号数相乘，结果的低 32 位保存到 RdLo 中，而高 32 位保存到 RdHi 中。指令格式如下：

SMULL{cond}{S}　　RdLo,RdHi,Rm,Rs

应用示例：

SMULL R2,R3,R7,R6　　;（R3、R2）= R7 × R6

（6）64 位有符号乘加指令 SMLAL

SMLAL 指令将 Rm 和 Rs 中的值做有符号数相乘，64 位乘积与 RdHi、RdLo 相加，结果的低 32 位保存到 RdLo 中，而高 32 位保存到 RdHi 中。指令格式如下：

SMLAL{cond}{S}　　RdLo,RdHi,Rm,Rs

应用示例：

SMLAL　　R2,R3,R7,R6　　;（R3、R2）= R7 × R6 +（R3、R2）

3.6　ARM 分支指令

在 ARM 中有两种方式可以实现程序的跳转：一种是使用分支转移指令直接跳转；另一种则是直接向 PC 寄存器赋值来实现跳转。ARM 的分支转移指令，可以从当前指令向前或向后的 32MB 的地址空间跳转，根据完成的功能分支指令可以分为以下 4 种：

1）B 指令：分支指令。指令格式如下：

B{cond}　　label

B 指令跳转到指定的地址执行程序。指令举例如下：

B　　WAITA　　;跳转到 WAITA 标号处

B　　0x1234　　;跳转到绝对地址 0x1234 处

分支指令 B 限制在当前指令的 ±32 MB 的范围内。

2）BL 指令：带链接的分支指令。指令格式如下：

BL{cond}　　label

BL 指令先将下一条指令的地址复制到 LR 链接寄存器中，然后跳转到指定地址运行程序。指令举例如下：

BL　　SUB1　　;下一条指令地址存入 LR
　　　　　　　　;跳转至子程序 SUB1 处

…

```
SUB1    …
    MOV    PC,  LR        ;子程序返回
```

注意：跳转地址限制在当前指令的 ±32 MB 的范围内。BL 指令通常用于子程序调用。

3）BX 指令：带状态切换的分支指令。指令格式如下：

```
BX{cond}    Rm
```

BX 指令跳转到 Rm 指定的地址执行程序。若 Rm 的位 [0] 为 1，则跳转时自动将 CPSR 中的标志 T 置位，即把目标地址的代码解释为 Thumb 代码；若 Rm 的位 [0] 为 0，则跳转时自动将 CPSR 中的标志 T 复位，即把目标地址的代码解释为 ARM 代码。

以下代码使用 CODE32 和 CODE16 来指明其后的代码分别为 ARM 和 Thumb 代码，然后使用 BX 实现 ARM 和 Thumb 代码之间的程序跳转。

```
            CODE32                      ;ARM 状态下的代码
            LDR R0, = Into_Thumb + 1    ;产生跳转地址并且设置最低位
            BX R0                       ;分支跳转,进入 Thumb 状态
            …
            CODE16                      ;Thumb 状态下的代码
Into_Thumb
            …
            LDR R3, = Back_to_ARM       ;产生字对齐的跳转地址,最低位被清除
            BX R3                       ;分支跳转,返回到 ARM 状态
            CODE32                      ;ARM 状态下的代码
Back_to_ARM
            …
```

4）BLX 指令：带链接和状态切换的分支指令。指令格式如下：

```
BLX        < target address >
```

BLX 指令先将下一条指令的地址复制到 R14（即 LR）链接寄存器中，然后跳转到指定地址处执行程序（只有 ARM 指令集 v5T 及以上指令集版本支持 BLX），转移地址限制在当前指令的 ±32MB 的范围内。

3.7　协处理器指令

ARM 体系结构允许通过增加协处理器来扩展指令集。最常用的协处理器是用于控制片上功能的系统协处理器，例如，控制 Cache 和存储管理单元的 cp15 协处理器。此外，还有用于浮点运算的浮点 ARM 协处理器，各生产商还可以根据需要开发自己的专用协处理器。

ARM 协处理器指令可分为以下 3 类，表 3-12 列出了所有协处理器处理指令。

表3-12 协处理器处理指令

助记符	说 明	操 作	条件码位置
CDP coproc, opcode1, CRd, CRn, CRm {, opcode2}	协处理器数据操作指令	取决于协处理器	CDP {cond}
LDC {L} coproc, CRd, <地址>	协处理器数据读取指令	取决于协处理器	LDC {cond} {L}
STC {L} coproc, CRd, <地址>	协处理器数据写入指令	取决于协处理器	STC {cond} {L}
MCR coproc, opcode1, Rd, CRn, CRm {, opcode2}	ARM寄存器到协处理器寄存器的数据传送指令	取决于协处理器	MCR {cond}
MRC coproc, opcode1, Rd, CRn, CRm {, opcode2}	协处理器寄存器到ARM寄存器到的数据传送指令	取决于协处理器	MCR {cond}

1. 协处理器数据操作指令

ARM处理器通过CDP指令通知ARM协处理器执行特定的操作。该操作由协处理器完成，即对命令的参数的解释与协处理器有关，指令的使用取决于协处理器。若协处理器不能成功地执行该操作，将产生未定义指令异常中断。指令格式如下：

CDP{cond}　　　　coproc, opcode1, CRd, CRn, CRm{, opcode2}

应用示例：

CDP　　　p7, 0, c0, c2, c3, 0 　　;对协处理器7操作,操作码为0
　　　　　　　　　　　　　　　　;可选操作码为0
CDP　　　p6, 1, c3, c4, c5 　　　;对协处理器6操作,操作码为1

2. 协处理器数据存取指令

协处理器数据存取指令LDC/STC可以将某一连续内存单元的数据读取到协处理器的寄存器中，或者将协处理器的寄存器数据写入到某一连续的内存单元中，传送的字数由协处理器来控制。若协处理器不能成功地执行该操作，将产生未定义指令异常中断。

LDC{cond}{L}coproc, CRd, <地址>
STC{cond}{L}coproc, CRd, <地址>

应用示例：

LDC p5, c2, [R2, #4] ;将[R2+4]存储器单元字数据加载到协处理器p5的c2中
LDC p6, c2, [R1] ;将[R1]存储器单元字数据加载到协处理器p6的c2中
STC p5, c1, [R0] ;将协处理器p6的c1的内容存储到[R0]存储器单元
STC p5, c1, [R0, #-0x04] ;将协处理器p5的c1的内容存储到[R0-4]存储器单元

3. 协处理器寄存器传送指令

如果需要在ARM处理器中的寄存器与协处理器中的寄存器之间进行数据传送，那么可以使用MCR/MRC指令。MCR指令用于将ARM处理器的寄存器中的数据传送到协处理器的寄存器。MRC指令用于将协处理器的寄存器中的数据传送到ARM处理器的寄存器中。若协处理器不能成功地执行该操作，将产生未定义指令异常中断。

```
MCR{cond}      coproc,opcode1,Rd,CRn,CRm{,opcode2}
MRC{cond}      coproc,opcode1,Rd,CRn,CRm{,opcode2}
```

应用示例：

```
MCR p6,2,R7,c1,c2    ;ARM 处理器的寄存器 R7 送到协处理器的寄存器 c2 中。
                     ;操作码为 2
MRC p15,5,r4,c0,c2,3 ;协处理器源寄存器为 p15 的 c0 和 c2,目的寄存器为 ARM 寄
                     存器 r4,操作码为 5,可选操作码为 3。
```

3.8 杂项指令

ARM 指令集中有 3 条指令作为杂项指令，实际上这 3 条指令非常重要，见表 3-13。

表 3-13 杂项指令

助记符	说 明	操 作	条件码位置
SWI immed_ 24	软中断指令	产生软中断，处理器进入管理模式	SWI {cond}
MRS Rd, psr	读状态寄存器指令	Rd←psr, psr 为 CPSR 或 SPSR	MRS {cond}
MSR psr_ fields, Rd/#immed_ 8r	写状态寄存器指令	psr_ fields←Rd/#immed_ 8r, psr 为 CPSR 或 SPSR	MSR {cond}

1. 读状态寄存器指令

在 ARM 处理器中，只有 MRS 指令可以对状态寄存器 CPSR 和 SPSR 进行读操作。通过读 CPSR 可以了解当前处理器的工作状态。读 SPSR 寄存器可以了解到进入异常前的处理器状态。指令格式如下：

```
MRS{cond}      Rd,psr
```

其中，Rd 为目标寄存器，Rd 不允许为 R15；psr 为 CPSR 或 SPSR。

指令举例如下：

```
MRS    R1,CPSR   ;将 CPSR 状态寄存器读取,保存到 R1 中
MRS    R2,SPSR   ;将 SPSR 状态寄存器读取,保存到 R2 中
```

当进程切换或允许异常中断嵌套时，也需要使用 MRS 指令来读取 SPSR 状态值，并保存起来。

2. 写状态寄存器指令

在 ARM 处理器中，只有 MSR 指令可以对状态寄存器 CPSR 和 SPSR 进行写操作。指令格式如下。

```
MSR{cond}      psr_fields,#immed_8r
MSR{cond}      psr_fields,Rm
```

其中，psr 是指 CPSR 或 SPSR。fields 设置状态寄存器中需要操作的位。状态寄存器的

32 位可以分为 4 个 8 位的域，bits[31：24] 为条件标志位域，用 f 表示；bits [23：16] 为状态位域，用 s 表示；bits [15：8] 为扩展位域，用 x 表示；bits [7：0] 为控制位域，用 c 表示。immed_ 8r 为要传送到状态寄存器指定域的立即数（传输低 8 位）。Rm 为要传送到状态寄存器指定域的数据源寄存器。

指令举例如下：

MSR　　　CPSR_c,#0xD3　　　;CPSR[7:0]=0xD3，即切换到管理模式
MSR　　　CPSR_cxsf,R3　　　;CPSR=R3

只有在特权模式下才能修改状态寄存器。程序中不能通过由 MSR 指令直接修改 CPSR 中的 T 控制位来实现 ARM 状态/Thumb 状态的切换，必须使用 BX 指令完成处理器状态的切换。MRS 与 MSR 配合使用，实现 CPSR 或 SPSR 寄存器的读–修改–写操作，可用来进行处理器模式切换、允许/禁止 IRQ/FIQ 中断等设置。

程序状态寄存器读写指令的应用举例如下：

（1）使能 IRQ 中断

MRS R0,CPSR;读当前程序状态寄存器内容到 R0
BIC R0,R0,#0x80;修改 IRQ 中断允许位,但不改变其他位数据,该位清零,表示允许 IRQ
　　　　　　　中断
MSR CPSR_c,R0;将 R0 的低 8 位设置给 CPSR_c

（2）禁止 IRQ 中断

MRS R0,CPSR;读当前程序状态寄存器内容到 R0
ORR R0,R0,#0x80;修改 IRQ 中断允许位,但不改变其他位数据,该位置 1,表示禁止 IRQ
　　　　　　　中断
MSR CPSR_c,R0;将 R0 的低 8 位设置给 CPSR_c

（3）设置中断模式堆栈地址为 0x40000000

MSR CPSR_c,#0xD2;修改处理器工作模式为中断模式,该条指令必须在特权模式下执行
MOV SP, #0x40000000;设置堆栈地址为 0x40000000

3. 软中断指令 SWI

软中断指令 SWI 用于产生软中断，从而实现从用户模式变换到管理模式，并且将 CPSR 保存到管理模式的 SPSR 中，然后程序跳转到 SWI 异常入口。在其他模式下也可使用 SWI 指令，处理器同样地切换到管理模式。指令格式如下：

SWI{cond}immed_24

指令举例如下：

SWI　　0　　　;软中断,中断立即数为 0
SWI　　0xl23456　　　　　;软中断,中断立即数为 0xl23456
使用 SWI 指令时,通常使用以下两种方法进行传递参数。

1）指令中的 24 位立即数指定了用户请求的服务类型，参数通过通用寄存器传递。指

令举例如下：

```
MOV      R0,#34        ;设置子功能号为 34
SWI      12            ;调用 12 号软中断
```

2）指令中的 24 位立即数被忽略，用户请求的服务类型由寄存器 R0 的值决定，参数通过其他的通用寄存器传递。指令举例如下：

```
MOV      R0,#12        ;调用 12 号软中断
MOV      R1,#34        ;设置子功能号为 34
SWI      0
```

SWI 异常中断处理程序要通过读取引起软中断的 SWI 指令，以取得 24 位立即数。

3.9　其他指令介绍

1. 特殊指令

fmxr /fmrx 指令是 NEON 下的扩展指令，在做浮点运算的时候，要先打开 vfp，因此需要用到 fmxr 指令。

fmxr：由 ARM 寄存器将数据转移到协处理器中；

fmrx：由协处理器将数据转移到 ARM 寄存器中。

NEON 下浮点异常寄存器 FPEXC 是一个可控制 SIMD 及 VFP 的全局使能寄存器，并指定了这些扩展技术是如何记录的。FPEXC 的位定义见表 3-14。

表 3-14　FPEXC 的位定义

位	域	功　能　描　述
[31]	EX	异常位，该位指定了有多少信息需要存储记录 SIMD/VFP 协处理器的状态
[30]	EN	NEON/VFP 使能位，设置 EN 位为 1，则开启 NEON/VFP 协处理器，复位会将 EN 置 0
[29：0]		保留

如果要打开 VFP 协处理器的话，可以用以下指令：

```
mov r0, #0x40000000
fmxr fpexc, r0 ;使能 NEON and VFP 协处理器。
```

2. CLZ 指令

CLZ 指令用于计算最高符号位与第一个 1 之间的 0 的个数。当一些操作数需要规范化（使其最高位为 1）时，该指令用于计算操作数需要左移的位数。指令格式如下：

```
CLZ {cond} Rd,Rm
```

其中，cond 是一个可选的条件代码；Rd 是目标寄存器；Rm 是操作数寄存器。CLZ 指令对 Rm 中的值的前导零进行计数，并将结果返回到 Rd 中，如果未在操作数寄存器中设置任何位，则该结果值为 32；如果 Rm 操作数的最高位为 1，则结果值为 0。该指令不会影响

CPSR 中的标志位。ARM 指令集必须是 ARMv5 版本以上。指令举例如下：

CLZ R1，R0；如果 R0 = 0X00ff00ff，则运行之后，R1 = 0x8。

3. 饱和指令

饱和指令是用来设计饱和算法的一组指令，如图 3-3 所示，饱和指令在运算结果出现饱和时，其运算结果为饱和的边界值，而非饱和指令的运算结果将出现跳变。

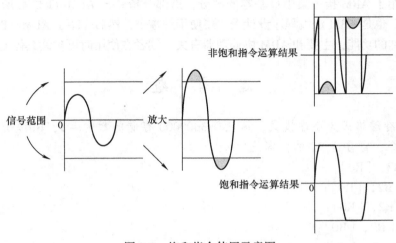

图 3-3 饱和指令使用示意图

指令运行结果出现下列 3 种情况之一，就称为饱和：

1）对于有符号饱和运算，如果指令运算结果小于 -2^n，则返回结果将为 -2^n。

2）对于无符号饱和运算，如果指令运算结果是负值，那么返回的结果将为 0。

3）对于结果大于 2^n-1 的情况，则返回结果将为 2^n-1。

这时，饱和指令执行饱和运算，并设置程序状态寄存器的 Q 标记为 "1"。ARM 饱和指令主要有以下 4 条：

QADD：带符号饱和加法指令。

QSUB：带符号饱和减法指令。

QDADD：带符号饱和加倍加法指令。

QDSUB：带符号饱和加倍减法指令。

这 4 条饱和指令，将指令的运算结果饱和导入有效范围（$-2^{31} \leqslant x \leqslant 2^{31}-1$）内。

语法格式：

op{cond} {Rd} ,Rm,Rn

其中，op 是 QADD、QSUB、QDADD 和 QDSUB 之一，cond 是一个可选的条件代码，Rd 是目标寄存器，Rm，Rn 是存放操作数的寄存器（注：不要将 R15 用作 Rd、Rm 或 Rn）。

用法为：QADD 指令可将 Rm 和 Rn 中的值相加；QSUB 指令可从 Rm 中的值减去 Rn 中的值；QDADD/QDSUB 指令涉及并行指令，因此这里不多做讨论。

如果饱和指令执行结果发生饱和，则这些指令设置程序状态寄存器中 Q 标记，若要读取 Q 标记的状态，需要使用 MRS 指令。该指令可用于 v5T - E 及 v6 或者更高版本的 ARM

指令集体系中。

指令举例如下：

QADD R0，R1，R9　　　；将 R1 和 R9 进行饱和相加，结果存入 R0 中。

本 章 小 结

本章先介绍了 ARM 指令集中最基本的部分，这部分指令被 ARMv4T 之后所有的 ARM 指令集版本兼容，也是 ARM 汇编程序设计最主要使用的指令；然后介绍了 ARMv4T 之后 ARM 指令集版本新增加的功能，主要和 ARM 协处理器有关，读者在使用时可参阅具体的技术手册。

思 考 题

1. 存储器存储格式为小端模式，地址 0x3000000 存储的数为 -1，R0 =0x3000000，分别执行以下指令，寄存器 R2 的内容是什么？

1) LDR R2，[R0]；

2) LDRH R2，[R0]；

3) LDRB R2，[R0]；

4) LDRSH R2，[R0]；

5) LDRSB R2，[R0]。

2. 编写汇编程序实现禁止和使能 FIQ 中断，禁止和使能 IRQ 中断。

3. 当前处理器处于管理模式，编写程序将 FIQ 模式的堆栈指针设置为 0x30000000。

4. R1，R2 中分别存一个 32 位的数，分别编写汇编程序实现以下功能：

1) 如果 R1 的第 8 位为 1，则将 R2 的第 12 位取反。

2) 如果 R1 的第 12 位为 1，则将 R2 的高 8 位，即 25 到 32 位设置为 1。

3) 如果 R1 的第 18 位为 1，则将 R2 的次高位，即 17 位到 24 位设置为 0，其他位保持不变。

5. 分别编写汇编程序实现以下复制功能的 C 语言代码，其中函数体采用 1)、2) 和 3) 对应的编程方法。

```
void datacopy( int * src , int * dest) {

1) for( i =0; i <10; i + + )
       dest[ i] = src[ i];
2) for( i =0; i <10; i + + )
       * ( dest + + ) = * ( src + + );
3) * dest = * src;
   for( i =0; i <9; i + + )
       * ( + + dest) = * ( + + src);
}
```

第 4 章　Exynos4412 处理器简介

Exynos4412 处理器又称为 Exynos 4 Quad，它采用了三星 32nm HKMG 工艺，是三星的第一款四核处理器，主频达到 1.4~1.6GHz，功耗方面有了明显的降低。Exynos4412 处理器已经广泛应用于多个领域，如三星 Galaxy S3、魅族、联想等智能手机生产厂商，都有基于 Exynos4412 的产品。本章主要将对该处理器的各功能单元进行详细介绍。

4.1　处理器功能介绍

Exynos4412 是一个高性价比、低功耗，基于 Cortex－A9 的 32 位四核微处理器，为智能手机终端的性能优化提供了很好的解决方案。该处理器存储系统有 DRAM 专用接口控制器。专用 DRAM 端口支持高带宽的 LPDDR2 接口。静态存储器端口支持外部 NOR Flash 存储器和 ROM 存储器。

为了降低系统总成本和提高整体功能，Exynos4412 集成了诸多移动终端中常用的硬件外设单元，如 TFT24 位真彩色 LCD 控制器，摄像头接口，MIPI DSI、CSI－2、电源管理单元、MIPI HSI、4 个 UARTs、24 通道 DMA、定时器、通用 I/O 端口，3 个 I^2S，S/PDIF，8 个 I^2C－BUS 接口，3 个 HS－SPI，USB2.0 主机接口，USB2.0 设备接口（高速可达 480Mbit/s），2 个 USB HSIC，4 个 SD 主机和高速多媒体卡接口和 4 个时钟锁相环发生器。

Exynos4412 处理器结构框图如图 4-1 所示。

Exynos4412 处理器的主要功能及特点如下：

1）基于 ARM Cortex－A9 内核的四核 CPU 系统，采用了 NEON 技术：32/32/32/32KB I/D 缓存，1MB 的 L2 高速缓存，工作频率高达 1.4MHz。

2）128 位/64 位多层总线架构：Core－D 域为 ARM Cortex－A9 四核，可实现片上调试与跟踪，并配有外部存储器接口。

3）支持移动应用的先进电源管理单元。

4）内置 64KB ROM 用于安全启动，内置 256KB RAM 用于安全工作。

5）支持 8 位 601/605 ITU 格式相机接口。

6）支持二维图形加速。

7）1/2/4/8bpp 调色板或 8/16/24bpp 无调色板彩色 TFT 接口，支持高分辨率显示接口 WXGA。

8）HDMI 接口支持 NTSC 和带有图像增强器的 PAL 模式。

9）具有 MIPI－DSI 和 MIPI－CSI 接口。

10）1 个 AC－97 音频编解码器接口和 3 通道 PCM 串行音频接口。

11）3 个 24 位的 I^2S 接口。

12）支持数字音频的 S/PDIF 接口。

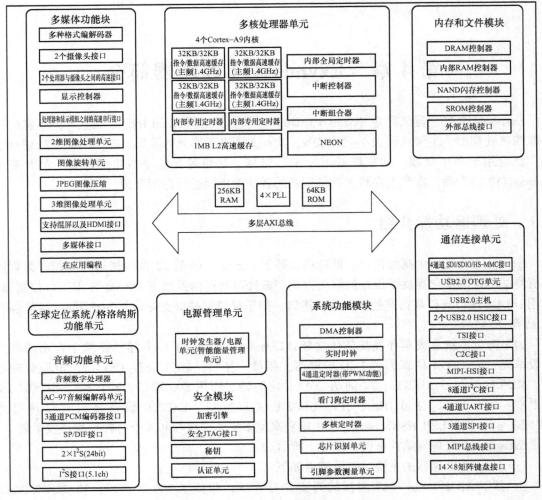

图 4-1　Exynos4412 处理器结构框图

13）8 个 I^2C 接口。

14）3 个 SPI 接口。

15）4 个 UART 端口，并支持 3Mbit/s 的蓝牙 2.0 接口。

16）内置 USB 2.0 设备接口，支持高速传输（480 Mbit/s）。

17）内置 USB 2.0 主机接口。

18）2 个片上 USB HSIC。

19）4 个 SD/SDIO/HS – MMC 接口。

20）24 通道 DMA 控制器（8 通道为内存到内存的 DMA 通道，16 通道为外设 DMA）。

21）支持 14 × 8 密钥矩阵。

22）可配置的 GPIO。

23）实时时钟，锁相环，定时器和脉宽调制，看门狗定时器。

24）多核定时器支持在掉电模式下准确的时间刻度（除了睡眠模式）。

25）存储子系统：具有 8 位或 16 位数据总线的异步 SRAM/ROM/NOR 接口；支持 8 位

数据总线的 NAND Flash 接口；LPDDR2 接口（800M（bit/s）/引脚）。

4.2 处理器引脚介绍

Exynos4412 处理器有 786 个引脚，采用 FCFBGA 封装，见表 4-1。

表 4-1 Exynos4412 处理器引脚

球阵列号	引脚名称	球阵列号	引脚名称	球阵列号	引脚名称	球阵列号	引脚名称
A1	VSS	B5	XEINT_9	C9	VSSA_UOTG	D13	XM1 DATA_27
A2	VSS	B6	XEINT_27	C10	VDD33_UOTG	D14	VSS
A3	XEINT_8	B7	VDD12_HSIC0	C11	XVPLLFILTER	D15	XM1DATA_11
A4	XNRSTOUT	B8	XUOTGVBUS	C12	XM1DATA_31	D16	XM1DATA_12
A5	XXTI	B9	VSSA_UOTG	C13	XM1DATA_28	D17	XM1DATA_9
A6	XHSICSTROBE_0	B10	VSS	C14	XM1DATA_24	D18	XM1DATA_8
A7	XHSICDATA_0	B11	XTSEXT_RES	C15	XM1DATA_15	D19	XM1DATA_7
A8	XUOTGDM	B12	XM1DATA_29	C16	XM1DATA_13	D20	XM1DATA_6
A9	XUOTGDP	B13	VSS	C17	XM1DATA_10	D21	XM1DATA_4
A10	XUSBXTI	B14	XM1DATA_26	C18	XM1GATEO	D22	XM1DATA_0
A11	XUSBXTO	B15	XM1DQM_3	C19	XM1GATEI	D23	XM1DATA_21
A12	XM1DATA_30	B16	VSS	C20	XM1DATA_3	D24	VSS
A13	XM1DATA_25	B17	XM1DQM_1	C21	XM1DATA_2	D25	XM2DATA_28
A14	XM1DQS_3	B18	VSS	C22	XM1DATA_1	D26	XM2DATA_29
A15	XM1DQSN_3	B19	VSS	C23	XM1DATA_23	D27	XM2DATA_27
A16	XM1DATA_14	B20	XM1DATA_5	C24	XM1DATA_22	E1	XEINT_4
A17	XM1DQS_1	B21	XM1DQM_0	C25	XM1DATA_16	E2	XEINT_13
A18	XM1DQSN_1	B22	VSS	C26	VSS	E3	XEINT_5
A19	XM1CLK	B23	XM1DQM_2	C27	XM2DATA_30	E4	XEINT_2
A20	XM1CLKN	B24	XM1DATA_20	D1	XEINT_14	E5	XEINT_1
A21	XM1DQSN_0	B25	XM1 DATA_18	D2	XRTCCLKO	E6	XEINT_21
A22	XM1DQS_0	B26	XM1DATA_17	D3	XEINT_6	E7	XEINT_23
A23	XM1DQS_2	B27	VSS	D4	XEINT_3	E8	XHSICDATA_1
A24	XM1DQSN_2	C1	XRTCXTI	D5	XEINT_7	E9	XEINT_22
A25	XM1DATA_19	C2	XRTCXTO	D6	VSS	E10	VDD10_UOTG
A26	VSS	C3	XEINT_24	D7	XEINT_11	E11	VDDQ_SYS02
A27	VSS	C4	XEINT_20	D8	XHSICSTROBE_1	E12	XEFFSOURCE
B1	VSS	C5	XG NSS_RTC_OUT	D9	XUOTGID	E13	XM1CSN_0
B2	XGNSS_MCLK	C6	XEINT_15	D10	XUOTGREXT	E14	XM1CSN_1
B3	XEINT_31	C7	XEINT_29	D11	VDDQ_SYS00	E15	XM1ADDR_4
B4	XEINT_25	C8	VDD12_HSIC1	D12	XM1VREF0	E16	XM1ADDR_15

（续）

球阵列号	引脚名称	球阵列号	引脚名称	球阵列号	引脚名称	球阵列号	引脚名称
E17	VSS	F26	XM2DQM_3	H8	VSS12_HSIC	J21	XM2ADDR_15
E18	XM1ADDR_8	F27	XM2DQS_3	H9	XEINT_28	J22	XM2ADDR_1
E19	XM1ADDR_11	G1	XOM_2	H10	XEPLLFILTER	J23	VSS
E20	XM1ADDR_2	G2	XOM_5	H11	VSS_EPLL	J24	XM2DATA_9
E21	VSS	G3	XOM_3	H12	VDD10_EPLL	J25	XM2DATA_8
E22	VSS	G4	XCLKOUT	H13	XM1ZQ	J26	XM2DQM_1
E23	XM2CASN	G5	XEINT_18	H14	XM1WEN	J27	XM2DOS_1
E24	XM2DATA_31	G6	XEINT_30	H15	XM1RASN	K1	XMMC0CDN
E25	XM2DATA_26	G7	VSS12_HSIC	H16	VDDQ_CKEM1	K2	XMMC1DATA_0
E26	VSS	G8	VDD18_HSIC	H17	XM1VREF2	K3	XM0DATA_0
E27	XM2DATA_24	G9	XEINT_26	H18	XM1BA_2	K4	XMMC2DATA_2
F1	XPWRRGTON	G10	VDD18_TS	H19	XM1ADDR_7	K5	XMMC2DATA_1
F2	XNW RESET	G11	VSS_APLL	H20	XM1ADDR_0	K6	VDDQ_SYS33
F3	XOM_0	G12	VDD10_APLL	H21	XM1ADDR_5	K7	VDD18_ABB0
F4	XEINT_0	G13	XM1CASN	H22	XM2ZQ	K9	VSS
F5	XEINT_19	G14	XM1BA_0	H23	XM2CKE_0	K10	VSS
F6	VDD10_HSIC	G15	XM1ADDR_3	H24	XM2DATA_11	K11	VSS
F7	XNRESET	G16	XM1CKE_0	H25	XM2DATA_10	K12	VSS
F8	XEINT_16	G17	XM1ADDR_6	H26	XM2DATA_13	K13	VSS
F9	XEINT_17	G18	XM1CKE_1	H27	XM2DATA_12	K14	VDDQ_M1
F10	XPSHOLD	G19	XM1BA_1	J1	XMMC0CLK	K15	VDDQ_M1
F11	VSS_VPLL	G20	XM1ADDR_14	J2	XMMC1CMD	K16	VDDQ_M1
F12	VDD10_VPLL	G21	XM1ADDR_10	J3	XM0DATA_14	K17	VDDQ_M1
F13	XM1ODT_0	G22	XM2ODT_0	J4	XMMC2CMD	K18	VDDQ_M1
F14	VSS	G23	XM2RASN	J5	XMMC2DATA_0	K19	VSS
F15	XM1ADDR_1	G24	VSS	J6	VDD_RTC	K21	XM2ADDR_3
F16	VSS	G25	XM2DATA_15	J7	VDDQ_CKO	K22	XM2ADDR_4
F17	XM1ADDR_9	G26	VSS	J10	VDD_ALIVE	K23	VDDQ_CKEM2
F18	XM1ADDR_12	G27	XM2DQSN_3	J11	VSS_MPLL	K24	XM2ADDR_8
F19	VSS	H1	XOM_6	J12	VDD10_MPLL	K25	XM2BA_0
F20	XM1ODT_1	H2	XOM_4	J13	VSS	K26	VSS
F21	XM1ADDR_13	H3	XOM_1	J14	VSS	K27	XM2DQSN_1
F22	VSS	H4	XM0BEN_0	J15	VSS	L1	XMMC0DATA_0
F23	XM2ADDR_2	H5	XGNSS_CLKREQ	J16	VSS	L2	XMMC1DATA_1
F24	XM2DATA_25	H6	XEINT_10	J17	VSS	L3	XM0DATA_1
F25	XM2DATA_14	H7	XEINT_12	J18	VSS	L4	VSS

（续）

球阵列号	引脚名称	球阵列号	引脚名称	球阵列号	引脚名称	球阵列号	引脚名称
L5	XMMC3CDN	M14	VSS	N23	XM2ADDR_5	R8	XM0ADDR_13
L6	XMMC3CLK	M15	VDD_ARM	N24	XM2DATA_4	R9	VDD_INT
L7	VDDQ_MMC01	M16	VDD_ARM	N25	XM2DATA_7	R10	VDD_INT
L8	VDDQ_PRE	M17	VSS	N26	XM2DQM_0	R11	VDD_INT
L9	VDD_INT	M18	VSS	N27	XM2DQS_0	R12	VDD_INT
L10	VDD_INT	M19	VSS	P1	XMMC1CDN	R16	VDD_ARM
L11	VDD_INT	M20	VDDQ_M2	P2	XMMC0CMD	R17	VDD_ARM
L12	VDD_INT	M21	VSS	P3	XM0FALE	R18	VDD_ARM
L13	VSS	M22	XM2ADDR_9	P4	XM0ADDR_5	R19	VDD_MIF
L14	VDD_ARM	M23	XM2CKE_1	P5	XM0ADDR_9	R20	VDDQ_M2
L15	VDD_ARM	M24	XM2CSN_1	P6	XM0ADDR_12	R21	XM2BA_2
L16	VDD_ARM	M25	XM2GATEI	P7	XM0ADDR_14	R22	XM2ADDR_10
L17	VDD_MIF	M26	VSS	P8	VDDQ_PRE	R23	XM2WEN
L18	VDD_MIF	M27	XM2CLKN	P9	VSS	R24	XM2DATA_5
L19	VDD_MIF	N1	XMMC0DATA_2	P10	VSS	R25	XM2DATA_1
L20	VDDQ_M2	N2	XMMC1DATA_3	P11	VDD_INT	R26	XM2DATA_0
L21	XM2VREF0	N3	XM0DATA_9	P12	VSS	R27	XM2DQSN_2
L22	XM2ADDR_0	N4	XMMC2CLK	P16	VSS	T1	XM0DATA_4
L23	XM2CSN_0	N5	XMMC2DATA_3	P17	VDD_ARM	T2	XM0DATA_10
L24	VSS	N6	XMMC3CMD	P18	VSS	T3	XM0ADDR_1
L25	XM2GATEO	N7	XMMC3DATA_2	P19	VSS	T4	XM0ADDR_7
L26	XM2DATA_6	N8	VDDQ_MMC3	P20	VDDQ_M2	T5	XM0FCLE
L27	XM2CLK	N9	VDD_INT	P21	VSS	T6	XM0ADDR_0
M1	XMMC0DATA_1	N10	VDD_INT	P22	XM2ADDR_13	T7	XM0ADDR_6
M2	XMMC1 DATA_2	N11	VDD_INT	P23	VSS	T8	XM0ADDR_4
M3	XM0DATA_8	N12	VDD_INT	P24	XM2ADDR_7	T9	VSS
M4	XMMC2CDN	N13	VSS	P25	XM2DATA_2	T10	VSS
M5	XMMC3DATA_3	N14	VDD_ARM	P26	VSS	T11	VDD_INT
M6	XMMC3DATA_0	N15	VDD_ARM	P27	XM2DQSN_0	T12	VSS
M7	XMMC3DATA_1	N16	VDD_ARM	R1	XMMC0DATA_3	T16	VDD_INT
M8	VDDQ_MMC2	N17	VDD_ARM	R2	XMMC1CLK	T17	VDD_INT
M9	VSS	N18	VDD_ARM	R3	XM0DATA_RDN	T18	VSS
M10	VSS	N19	VDD_MIF	R4	XM0CSN_1	T19	VSS
M11	VDD_IMT	N20	VDDQ_M2	R5	XM0ADDR_11	T20	VDDQ_M2
M12	VSS	N21	VSS	R6	XM0ADDR_15	T21	XM2ODT_1
M13	VSS	N22	XM2ADDR_6	R7	XM0ADDR_10	T22	XM2ADDR_12

（续）

球阵列号	引脚名称	球阵列号	引脚名称	球阵列号	引脚名称	球阵列号	引脚名称
T23	XM2BA_1	V8	VDDQ_M0	W17	VSS	Y26	XC2CRXCLK_1
T24	XM2DATA_3	V9	VSS	W18	VDD_G3D	Y27	XC2CRXD_6
T25	VSS	V10	VSS	W19	VSS	AA1	XGNSS_SDA
T26	XM2DQM_2	V11	VDD_INT	W20	VDDQ_C2C_W	AA2	XI2S0SCLK
T27	XM2DQS_2	V12	VSS	W21	XC2CWKREQOUT	AA3	XI2S0CDCLK
U1	XM0DATA_11	V13	VSS	W22	XC2CRXD_5	AA4	XGNSS_GPIO_0
U2	XM0DATA_2	V14	VSS	W23	XC2CRXD_8	AA5	XGNSS_GPIO_5
U3	XM0DATA_3	V15	VSS	W24	XC2CRXD_7	AA6	XGNSS_GPIO_4
U4	XM0ADDR_3	V16	VDD_G3D	W25	XC2CRXD_9	AA7	XGNSS_GPIO_6
U5	XM0ADDR_8	V17	VSS	W26	XC2CRXD_12	AA9	VDD_INT
U6	XM0ADDR_2	V18	VDD_G3D	W27	XC2CRXD_13	AA10	VDD_INT
U7	XM0FRNB_2	V19	VSS	Y1	XI2S0SDO_2	AA11	VDD_INT
U8	XM0FRNB_3	V20	XC2CRXD_15	Y2	XI2S0LRCK	AA12	VDD_INT
U9	VDD_INT	V21	XC2CWKREQ1N	Y3	XI2S0SDO_0	AA13	VDD_INT
U10	VDD_INT	V22	XC2CRXD_11	Y4	XI2S0SDI	AA14	VDD_INT
U11	VDD_INT	V23	XC2CRXD_14	Y5	XM0CSN_0	AA15	VSS
U12	VDD_INT	V24	XM2DATA_17	Y6	XM0WEN	AA16	VSS
U16	VDD_G3D	V25	XM2DATA_16	Y7	XM0CSN_2	AA17	VSS
U17	VDD_G3D	V26	XM2DATA_19	Y8	XGNSS_GPIO_7	AA18	VSS
U18	VDD_G3D	V27	XM2DATA_18	Y9	VSS	AA19	VSS
U19	VSS	W1	XM0DATA_7	Y10	VSS	AA21	XC2CRXD_2
U20	XM2VREF2	W2	XM0DATA_6	Y11	VDD_INT	AA22	XC2CTXD_15
U21	XM2ADDR_14	W3	XM0DATA_15	Y12	VSS	AA23	XC2CRXD_0
U22	XM2ADDR_11	W4	XI2S0SDO_1	Y13	VSS	AA24	VSS
U23	VSS	W5	XM0CSN_3	Y14	VSS	AA25	XC2CTXD_7
U24	XM2DATA_22	W6	XM0FRNB_0	Y15	VSS	AA26	XC2CTXD_13
U25	XM2DATA_21	W7	XM0OEN	Y16	VDD_G3D	AA27	XC2CRXD_3
U26	XM2DATA_23	W8	VDDQ_M0	Y17	VDD_G3D	AB1	XGNSS_QSIGN
U27	XM2DATA_20	W9	VDD_INT	Y18	VDD_G3D	AB2	XGNSS_RF_RSTN
V1	XM0DATA_13	W10	VDD_INT	Y19	VSS	AB3	XGNSS_GPIO_3
V2	XM0DATA_5	W11	VDD_INT	Y20	VDDQ_C2C	AB4	XGNSS_GPIO_2
V3	XM0DATA_12	W12	VDD_INT	Y21	VDDQ_C2C	AB5	XGNSS_GPIO_1
V4	VSS	W13	VDD_INT	Y22	XC2CRXD_1	AB6	VDDQ_ISP
V5	XM0FRNB_1	W14	VDD_INT	Y23	XC2CRXD_10	AB7	VDDQ_GPS
V6	XM0BEN_1	W15	VSS	Y24	XC2CRXCLK_0	AB10	VSS_ADC
V7	XM0WAITN	W16	VDD_G3D	Y25	XC2CRXD_4	AB11	XADCAIN_3

（续）

球阵列号	引脚名称	球阵列号	引脚名称	球阵列号	引脚名称	球阵列号	引脚名称
AB12	VDDQ_LCD	AC23	XC2CTXD_5	AE5	XISPMCLK	AF14	XVVD_23
AB13	XVVD_7	AC24	XURXD_3	AE6	XISPI2C1SCL	AF15	XVVD_12
AB14	XVVD_1	AC25	XC2CTXCLK_1	AE7	XISPI2C0SDA	AF16	XVVD_15
AB15	XVVD_5	AC26	XC2CTXD_0	AE8	XISPRGB_7	AF17	XVVDEN
AB16	VSS_HDMI	AC27	XC2CTXCLK_0	AE9	XISPRGB_1	AF18	XVVD_14
AB17	VSS_HDMI	AD1	XJTDI	AE10	XADCAIN_1	AF19	XVVD_4
AB18	XURTSN_2	AD2	XJTDO	AE11	XCIDATA_7	AF20	VDD18_MIPI
AB21	XC2CTXD_10	AD3	XUOTGDRVVBUS	AE12	XCIHREF	AF21	XSPIMOSI_0
AB22	XC2CTXD_1	AD4	XJDBGSEL	AE13	XCIDATA_2	AF22	XURXD_1
AB23	XC2CTXD_9	AD5	XJTRSTN	AE14	XVVD_3	AF23	XURTSN_0
AB24	XC2CTXD_12	AD6	XISPGP4	AE15	VSS	AF24	VDDQ_EXT
AB25	XC2CTXD_3	AD7	XISPVSYNC	AE16	XVVD_21	AF25	XUCTSN_0
AB26	XC2CTXD_8	AD8	XISPRGB_9	AE17	XVVD_20	AF26	XI2C1SDA
AB27	XC2CTXD_14	AD9	XISPRGB_2	AE18	XVVD_19	AF27	XI2C0SDA
AC1	XGNSS_SYNC	AD10	XADCAIN_2	AE19	XVVD_10	AG1	XISPGP7
AC2	XGNSS_ISIGN	AD11	XCIFIELD	AE20	XI2S1SCLK	AG2	XISPSPICSN
AC3	XGNSS_IMAG	AD12	XCIPCLK	AE21	XSPICSN_0	AG3	XISPGPO
AC4	XGNSS_SCL	AD13	XCIDATA_3	AE22	XSPICSN_1	AG4	XISPRGB 10
AC5	XGNSS_QMAG	AD14	XVVD_6	AE23	XSPICLK1	AG5	XISPGP6
AC6	VDDQ_AUD	AD15	XVVD_18	AE24	XPWMTOUT_0	AG6	XISPRGB_13
AC7	VDDQ_ISP	AD16	XVVD_8	AE25	XUTXD_0	AG7	XISPRGB_8
AC8	VDDQ_ISP	AD17	XMIPIVREG_0P4V	AE26	XSPIMISO_1	AG8	XISPRGB_5
AC9	XISPRGB_0	AD18	XVVD_2	AE27	XUCTSN_2	AG9	XISPRGB_3
AC10	VDD18_ADC	AD19	XUCTSN_1	AF1	XISPSPIMOSI	AG10	XCICLKENB
AC11	XCIDATA_4	AD20	XSPICLK_0	AF2	XISPGP9	AG11	XCIDATA_1
AC12	XCIDATA_6	AD21	XSPIMOSI_1	AF3	XISPGP3	AG12	XVVD_22
AC13	XVVD_16	AD22	XURXD_0	AF4	XISPRGB_12	AG13	VDD10_MIPI
AC14	XVSYS_OE	AD23	XC2CTXD_6	AF5	XISPHSYNC	AG14	VDD10_MIPI
AC15	XVVD_13	AD24	XPWMTOUT_1	AF6	XISPI2C0SCL	AG15	VDD10_MIPI
AC16	XVVSYNC_LDI	AD25	XUTXD_2	AF7	XISPI2C1SDA	AG16	XVVD_11
AC17	XPWMTOUT_3	AD26	XUTXD_3	AF8	XISPRGB_4	AG17	XVHSYNC
AC18	XUTXD_1	AD27	XC2CTXD_2	AF9	XISPPCLK	AG18	XVVSYNC
AC19	XPWMTOUT_2	AE1	XUHOSTOVERCUR	AF10	XADCAIN_0	AG19	XVVD_0
AC20	XURXD_2	AE2	XJTMS	AF11	XCIDATA_0	AG20	XVVD_9
AC21	XC2CTXD_4	AE3	XJTCK	AF12	XCIDATA_5	AG21	VDD18_ABB2
AC22	XC2CTXD_11	AE4	XUHOSTPWREN	AF13	XVVD_17	AG22	XI2S2SDO

（续）

球阵列号	引脚名称	球阵列号	引脚名称	球阵列号	引脚名称	球阵列号	引脚名称
AG23	XI2S1CDCLK	AH18	VDD18_HDMI_OSC	AJ13	XMIPIMDP3	AK8	XMIPISDN3
AG24	XI2S2LRCK	AH19	VDD10_HDMI_PLL	AJ14	XMIPIMDP2	AK9	XMIPISDN2
AG25	XURTSN_1	AH20	XHDMIREXT	AJ15	XMIPIMDPCLK	AK10	XMIPISDNCLK
AG26	XI2C1SCL	AH21	VSS_HDMI_OSC	AJ16	XMIPIMDP1	AK11	XMIPISDN1
AG27	XI2C0SCL	AH22	VDD18_ABB1	AJ17	XMIPIMDP0	AK12	XMIPISDN0
AH1	XISPSPICLK	AH23	XI2S1SDO	AJ18	VDD10_HDMI	AK13	XMIPIMDN3
AH2	XISPGP2	AH24	XI2S2SCLK	AJ19	XHDMITXCP	AK14	XMIPIMDN2
AH3	XISPSPIMISO	AH25	XI2S2CDCLK	AJ20	XHDMITX0P	AK15	XMIPIMDNCLK
AH4	VSS	AH26	XI2S1LRCK	AJ21	XHDMITX1P	AK16	XMIPIMDN1
AH5	VDDQ_MIPIHSI	AH27	XSPIMISO_0	AJ22	XHDMITX2P	AK17	XMIPIMDN0
AH6	VDD10_MIPI2L	AJ1	VSS	AJ23	XHDMIXTO	AK18	VSS
AH7	VSS_MIPI2L	AJ2	XISPGP8	AJ24	XSBUSDATA	AK19	XHDMITXCN
AH8	XISPRGB_11	AJ3	XISPGP1	AJ25	XI2S2SDI	AK20	XHDMITX0N
AH9	XISPRGB_6	AJ4	XMIPI2LSDP1	AJ26	XI2S1SDI	AK21	XHDMITX1N
AH10	VDDQ_CAM	AJ5	XMIPI2LSDPCLK	AJ27	VSS	AK22	XHDMITX2N
AH11	XCIVSYNC	AJ6	XMIPI2LSDP0	AK1	VSS	AK23	XHDMIXTI
AH12	VSS_MIPI	AJ7	VDD18_MIPI2L	AK2	VSS	AK24	XSBUSCLK
AH13	VSS_MIPI	AJ8	XMIPISDP3	AK3	XISPGP5	AK25	VDDQ_SBUS
AH14	VSS_MIPI	AJ9	XMIPISDP2	AK4	XMIPI2LSDN1	AK26	VSS
AH15	VDD10_MIPI	AJ10	XMIPISDPCLK	AK5	XMIPI2LSDNCLK	AK27	VSS
AH16	XVVCLK	AJ11	XMIPISDP1	AK6	XMIPI2LSDN0		
AH17	VDD10_MIPI_PLL	AJ12	XMIPISDP0	AK7	VSS		

4.3　内核单元

ARM Cortex - A9 MPCore（四核）单元是 Exynos4412 处理器的核心单元，该单元使用了先进的多核 ARM MPCore 技术，内核在速度上能从 200 MHz 提升到 1.4 GHz，能满足消费电子及移动设备对低功耗和性能优化的要求。

ARM Cortex - A9 MPCore 四核处理器的特点如下：

1）采用 Thumb2 技术，提高了内核性能、能源效率以及代码密度。

2）采用 NEON 信号处理扩展，用于加速 H. 264 和 MP3 等媒体编解码器。

3）采用 Jazelle RCT Java 加速技术，用于最优化即时编译和动态自适应编译，并大幅降低存储空间。

4）采用 TrustZone 技术，用于安全交易和数字权限管理（DRM）。

5）具有用于单精度和双精度浮点加速运算的浮点运算单元。

6）具有性能和功耗优化的 L1 缓存单元。

7）具有使用标准编译的/MBL2 缓存。

8）具有程序跟踪宏单元和 CoreSight 体系结构。

9）通用中断控制器，支持三个中断类型：软件产生的中断（SGI）；专用外设中断（PPI）；共享外设中断（SPI）。

10）增强的安全特性。

4.4　存储器系统

Exynos4412 处理器提供了功能强大的存储系统控制单元，支持高速和低速存储，存储系统的功能和特点如下：

1）高带宽存储矩阵子系统。

2）独立的外部存储器端口：1 个 16 位静态混合存储器接口；2 个 32 位 DRAM 接口。

3）矩阵架构提高了整体的实时访问能力和带宽。

4）SRAM/ROM/NOR 接口：8 位或 16 位数据总线；23 位地址总线；支持异步接口；支持字节和半字访问。

5）NAND 闪存接口：支持业界标准的 NAND Flash 接口；8 位数据总线。

6）LPDDR2 接口：32 位数据总线高达 800 （Mbit/s）/引脚；1.2V 接口电压；每个端口支持存储容量为 4GB（2CS）。

4.5　多媒体处理单元

多媒体功能在移动终端应用中具有举足轻重的作用。Exynos4412 具有强大的多媒体处理单元，其功能及特点如下：

1）相机接口：支持 4 种格式的相机输入方式，并支持多种灵活的输出模式，具备数字变焦能力、图像镜像和旋转以及捕捉帧控制等功能。

2）JPEG 编解码器：支持多种输入格式，并具有通用彩色空间转换器。

3）支持二维图形引擎。

4）支持三维数字电视接口。

5）支持多种图像格式，并支持图像多角度旋转。

6）视频处理器：支持灵活的视频后处理，包括饱和度、亮度、对比度等。

7）视频混合器：能够重叠和混合输入视频和图形层。

8）TFT – LCD 接口：支持多种数据宽度的 RGB 接口，支持并行和串行数据接口，支持实时叠加平面复用和可编程窗口定位功能。

9）Exynos4412 具有强大的音频子系统，采用可重构处理技术的音频处理模式大大增强了音频处理能力，并具有低功率音频处理子系统，采用 128KB 的音频播放输出缓冲器，具有硬件混合器用来混合原声和次级声。

10）具备双摄像头输入，并能动态修正图像范围，能进行人脸检测。

4.6　外部连接及通信接口

Exynos4412 具有丰富的外部通信和连接接口，具体包括：

1）支持 3 个 PCM 音频接口。

2）AC97 音频接口。

3）支持 SPDIF 接口。

4）3 个 I²S 总线接口。

5）8 个 I²C 总线接口。

6）6 个 MIPI – Slim 的总线接口。

7）4 个多功能 UART 接口。

8）USB2.0 设备接口，速度高达 480Mbit/s。

9）USB 主机 2.0 接口。

10）HS – MMC / SDIO 接口。

11）3 个 SPI 接口。

12）多个通用 IO 接口。

4.7　系统外设单元

Exynos4412 集成了丰富的外设单元，为应用设计带来了极大的便利，基本能实现单片解决方案。其外设功能单元包括：

1）实时时钟。

2）锁相环，具有 4 个内置的锁相环。

3）支持 14 × 8 按键矩阵接口，并提供内部去抖功能。

4）脉冲宽度调制定时器（PWM）。

5）多核定时器，具有 4 个独立 64 位全局定时器，2 个 31 位本地定时器。

6）多功能 DMA 控制器。

7）16 位看门狗定时器。

8）热管理单元（TMU），提供芯片过热保护功能。

9）电源管理单元，具有多种低功耗模式，如空闲、停止、深度停止、深度空闲和睡眠模式等，能通过外部中断、RTC 报警、接口按键等实现唤醒。

4.8　GPIO 单元

GPIO 的英文全称为 General – Purpose IO ports，也就是通用 I/O 接口。Exynos 4412 处理器有 304 个多功能输入/输出端口引脚，164 个存储器访问端口引脚，共 37 组通用 GPIO 和 2 组内存 GPIO。这些 GPIO 引脚控制 172 个外部中断，32 个外部唤醒中断，252 个多功能输入输出端口，其功能框图如图 4-2 所示。

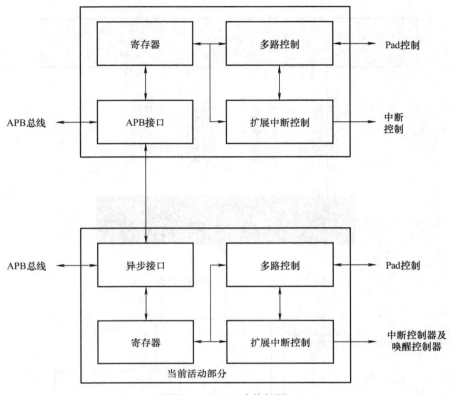

图 4-2　GPIO 功能框图

4.9　通用中断控制器

Exynos4412 集成了通用中断控制器（Generic Interrupt Controller，GIC），采用的是 ARM 基于 PrimeCell 技术下的 PL390 核心。GIC 接收系统级别的中断，并向每个连接的处理器发送相应的信号。当 GIC 实现安全扩展时，它可以向与其连接的处理器实现 2 个中断请求。处理器将这些请求标识为 IRQ 和 FIQ。GIC 具有如下特点：

1）支持 3 种中断类型：软件生成中断（SGI）；私有外设中断（PPI）；共享外设中断（SPI）。共计 160 个中断源。

2）中断控制器通过编程能实现以下功能：中断的安全状态；中断的优先级；启用或禁用中断；处理接收的中断事件。

中断控制器结构框图如图 4-3 所示。

Exynos 4412 中的中断控制器包括通用中断控制器 PL390 和中断组合器 INT_ COMBIN-ER。在 Exynos 4412 中，一些中断源被分组，中断组合器将几个中断源组合为一组，组中的少数中断产生组合中断请求和单个请求信号。因此，通用中断控制器的中断输入源包括来自中断组合器和未组合中断源的中断请求。

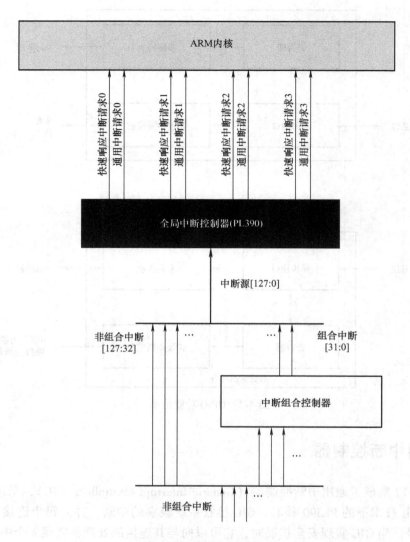

图 4-3 中断控制器结构框图

4.10 SPI 接口功能单元

Exynos4412 包含了两组 8 位/16 位/32 位移位寄存器，用于串行数据收发。在 SPI 传输数据时，数据的发送及接收是同步的。该总线控制器支持摩托罗拉串行外设接口，并支持两个独立的 FIFO。

每个 SPI 都有两个不同的时钟源，用户可以根据自己的需要来进行配置。配置时需设置 CLK_ CFG 这个寄存器，后面将会介绍。SPI 时钟控制器结构如图 4-4 所示。

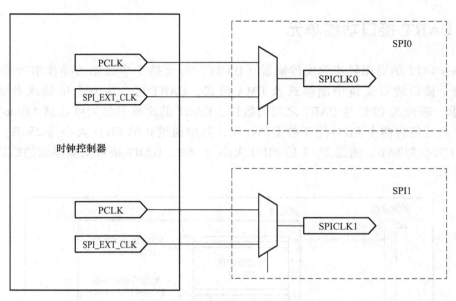

图 4-4　SPI 时钟控制器结构图

4.11　I²C 接口功能单元

Exynos4412 处理器支持多主机 I²C 串行总线接口，且支持主机发送模式、主机接收模式、从机发送模式和从机接收模式共 4 种模式。它有 4 个通道的 I²C 总线接口，分别用于通用目的、电源管理 PMIC 和高清晰度多媒体接口 HDMI。I²C 总线的结构如图 4-5 所示。

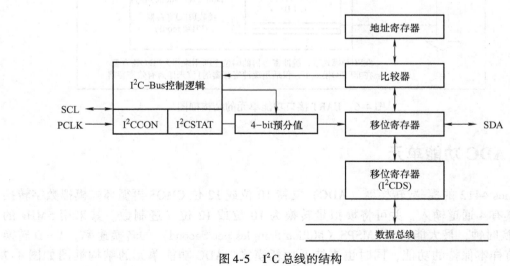

图 4-5　I²C 总线的结构

4.12   UART 接口功能单元

Exynos 4412 的通用异步收发传输器（UART）可支持 5 个独立的异步串行输入/输出接口，每个接口皆可支持中断模式及 DMA 模式，UART 可产生一个中断或者发出一个 DMA 请求，来传送 CPU 与 UART 之间的数据，UART 的比特率最大可达到 4Mbit/s。每一个 UART 通道包含两个 FIFO 用于数据的收发，其中通道 0 的 FIFO 大小为 256B，通道 1、4 的 FIFO 大小为 64B，通道 2、3 的 FIFO 大小为 16B。UART 接口功能单元的结构框图如图 4-6 所示。

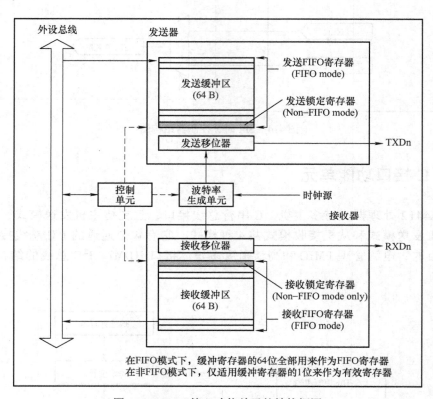

图 4-6   UART 接口功能单元的结构框图

4.13   ADC 功能单元

Exynos 4412 的模–数转换器（ADC）支持 10 位或 12 位 CMOS 再循环式模拟数字转换器，它具有 4 通道输入，并可将模拟量转换为 10 位或 12 位二进制数。其采用 5MHz 的 A–D转换时钟，最大能达到 1MSPS（Million Samples per Second）的转换速率。A–D 转换操作具有样本保持的功能，同时也支持低功耗模式。ADC 功能单元的结构框图如图 4-7 所示。

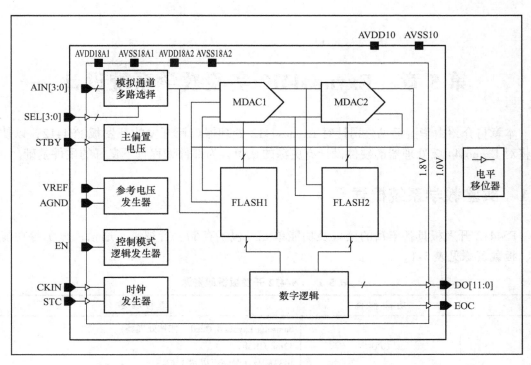

图 4-7　ADC 功能单元结构框图

本 章 小 结

本章介绍了 Exynos4412 处理器的特点和部分片内外设单元。通过本章学习，可以对 Exynos4412 处理器有初步的了解，为下面学习 FS4412 开发板做准备。

思 　考 　题

1. Cortex-A9 内核有何特点？
2. 请调研目前主流移动终端处理器都采用哪些内核？
3. 概述 Exynos4412 四核处理器的特点。
4. 概述 Exynos4412 处理器的中断控制器体系结构。

第 5 章　Exynos4412 实验教学系统设计

本章将介绍由华清远见公司针对 Exynos4412 处理器设计开发的开发板 FS4412，以使读者将对 Exynos4412 处理器的硬件设计有更深的认识，为部件编程打下良好的硬件基础。

5.1　实验教学系统概述

FS4412 开发板具备丰富的接口及功能单元，包括存储、音视频、通信、显示等功能单元，板载资源见表 5-1。

表 5-1　FS4412 开发板板载资源

	功 能 部 件	型 号 参 数
核心配置	CPU	Samsung Exynos 4 Quad（四核处理器） 32nm HKMG 1433MHz（最高可以达 1.6GHz）
	GPU	Mali－400MP（主频可达 400MHz）
	屏幕	LVDS 40 Pin 显示接口 7 英寸 1024×600 高分辨率显示屏 多点电容触摸屏
	RAM 容量	1GB DDR3（可选配至 2GB）
	ROM 容量	4GB eMMC（可选配至 16GB）
	多启动方式	eMMC 启动、MicroSD（TF）/SD 卡启动 通过控制拨码开关切换启动方式 可以实现双系统启动
板载接口	存储卡接口	1 个 MicroSD（TF）卡接口 1 个 SD 卡接口 最高可扩展至 64GB
	摄像头接口	20Pin 接口，支持 OV3640 300 万像素摄像头
	HDMI 接口	HDMI A 型接口 HDMI v1.4a 最高 1080P，30FPS，高清数字输出
	JTAG 接口	20Pin 标准 JTAG 接口 支持 FS－JTAG Cortex－A9 ARM 仿真器 独家支持详尽的 ARM 裸机程序
	USB 接口	1 路 USB OTG 3 路 USB HOST 2.0（可扩展 USB－HUB）

（续）

功 能 部 件		型 号 参 数
板载接口	音频接口	1 路 Mic 接口 1 路 Speaker 耳机输出 1 路 Speaker 立体声功放输出（外置扬声器）
	网卡接口	DM9000 百兆网卡
	RS-485 接口	1 路 RS-485 总线接口
	CAN 总线接口	1 路 CAN 总线接口
	串口	1 路 5 线 RS-232 串口 2 路 3 线 RS-232 串口 1 路 TTL 串口
	扩展 I/O 接口	1 路 I^2C（已将 1.8V 转换为 3.3V） 1 路 SPI（已将 1.8V 转换为 3.3V） 3 路 ADC（1 路含 10kΩ 电阻） 多路 GPIO、外部中断（已将 1.8V 转换为 3.3V）
板级资源	按键	1 个 Reset 按键 1 个 Power 按键 2 个 Volume（+/-）按键
	LED	1 个电源 LED 4 个可编程 LED
	蜂鸣器	1 个无源 PWM 蜂鸣器
	红外接收器	1 个 IRM3638 红外接收器 可选配红外遥控器在 Android 下使用
	温度传感器	1 个 DS18B20 温度传感器
	ADC	1 路电位器输入（Android 下可模拟电池电量）
	RTC	1 个内部 RTC 实时时钟
选配模块	3G 模块	WCDMA：850/900/1900/2100 MHz 上网
	Wi-Fi 模块	802.11 a/b/g/n/ac 无线网络
	GPRS 模块	GSM：850/900/1800/1900MHz 可以实现短信、电话等功能
	定位模块	支持全球定位系统（GPS） 北斗定位系统（BD）
	蓝牙模块	USB 蓝牙模块
	VGA 模块	高质量的 VGA 输出
	RFID 模块	FS_RC522 13.56MHz RFID 模块

（续）

功 能 部 件		型 号 参 数
选配模块	ZigBee 模块	FS – CC2530 ZigBee 模块 配套可以选择各类传感器节点
	Bluetooth 模块	FS – CC2540 Bluetooth Low Energy（Bluetooth 4.0）模块
	IPv6 模块 低功耗 Wi – Fi 模块	配套可以选择各类传感器节点 FS – STM32W108 IPv6 模块 配套可以选择各类传感器节点 低功耗串口 Wi – Fi 模块 配套可以选择各类传感器节点
系统支持	支持操作系统	Android4.0、Linux3.0

开发板 **FS4412** 的结构框图如图 5-1 所示，实物图如图 5-2 所示。

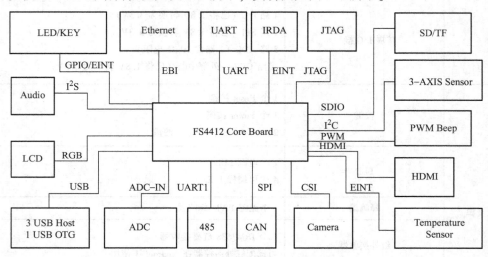

图 5-1　开发板 FS4412 结构框图

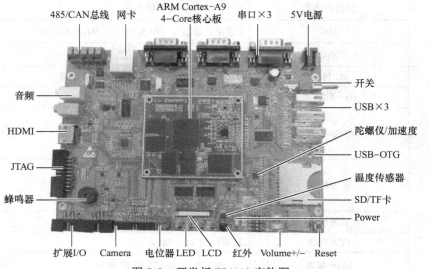

图 5-2　开发板 FS4412 实物图

5.2 Exynos4412 存储模块

FS4412 开发系统设计了 1GB DDR3 内存单元，4GB eMMC 接口 Flash 存储器。Exynos4412 处理器有 2 个独立的 DRAM 控制器，分别为 DMC0 和 DMC1，可以接 2 组不同的 DDR 内存。DMC0 和 DMC1 分别支持最大 1.5GB 的 DRAM，它们都支持 DDR2/DDR3 和 LP-DDR2 等，并支持 512MB、1GB、2GB、4GB 和 8GB 的内存设备，16/32bit 的总线位宽。DRAM0 对应的地址是 0x4000_ 0000 ~ 0xAFFF_ FFFF 共 1.5GB，DRAM1 对应的地址是 0x0000_ 0000 ~ 0xA000_ 0000 共 1.5GB。FS4412 开发系统 1GB 的 DRAM 是由 4 片大小为 256M×16 的 DDR3 芯片组合而成，芯片型号为 K4B4G1646B – HYXX。eMMC 接口 Flash 芯片型号为 KLMxGxFEJA – x001，容量为 4GB。FS4412 系统上电后默认通过 eMMC 存储器启动，也可选配从 SD 卡启动，通过跳线选择，实现双系统启动。FS4412 存储系统的结构框图如图 5-3 所示。

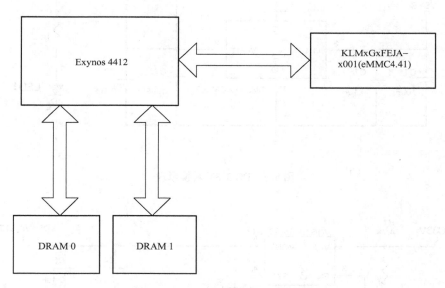

图 5-3　FS4412 存储系统结构框图

5.3 Exynos4412 电源管理系统

FS4412 开发板需要通过 JACK 端口外供 DC 5V 电源，通过板载电源管理芯片输出多种不同电压等级的电源，包括 DC 1.0V、DC 1.4V、DC 1.8V、DC 2.0V、DC 2.8V、DC 3.3V。其中 DC 3.3V 用来给系统的 I/O 缓冲模块以及 CPU 外围的一些器件供电，DC 1.8V 用来给摄像头供电，其余电压电源均用来给 Exynos4412 处理器供电。其原理如图 5-4 ~ 图 5-6 所示。

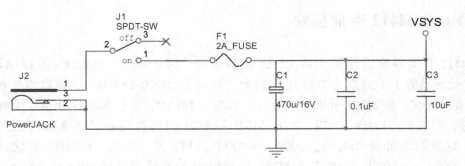

图 5-4   DC 5V 输入接口原理

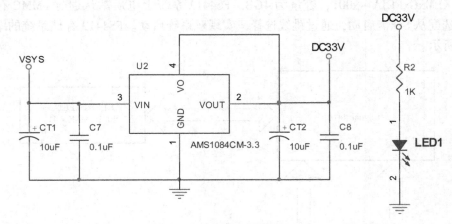

图 5-5   DC 3.3V 转换原理

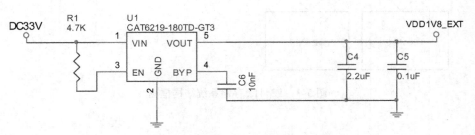

图 5-6   DC 1.8V 转换原理

5.4   LED/KEY 模块

FS4412 开发板的 LED 模块电路设置了 4 个可编程 LED（发光二极管），3 个按键，电路中有 3 个开关分别连接 UART_ RING、SIM_ DET 和 6260_ GPIO2。此功能单元电路可配合下一章进行 GPIO 部件编程以及中断编程。按键原理如图 5-7 所示，LED 接口原理如图 5-8 所示。

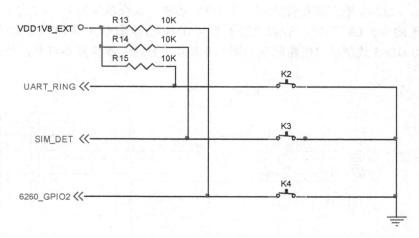

图 5-7　按键原理

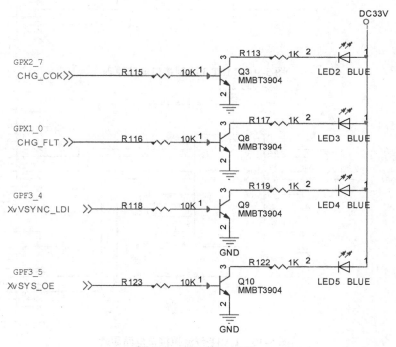

图 5-8　LED 接口原理

5.5　UART 模块

　　FS4412 开发板设计了 3 路 RS－232 通信接口，其中 UART0 是带流控的 RS－232 接口，UART2 和 UART3 为基本 3 线 RS－232 接口。

　　UART 模块采用了 SP3232EEA 芯片。SP3232EEA 芯片满足 EIA/TIA－232 和 V. 28/V. 24 通信协议，能应用于用电池供电的、便携的手持式设备（如笔记本电脑或掌上型电脑）。SP3232EEA 器件具备 Sipex 系列特有的片内电荷泵电路，可从 +3. 0 ~ +5. 5V 的电源电压产生 12V 的 RS－232 电平，该器件适用于 +3.3V 系统、混合的 +3.3 ~ +5.5V 系统或需要 RS－232性能的 +5.0V 系统。SP3232EEA 器件的驱动器满载工作时典型的数据速率为 235kbit/s。UART 3 线制接口电路原理如图 5-9 所示，UART 带流控接口电路原理如图 5-10 所示。

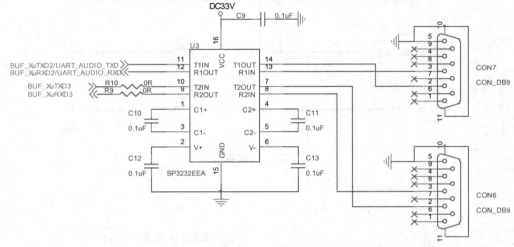

图 5-9　UART 3 线制接口电路原理

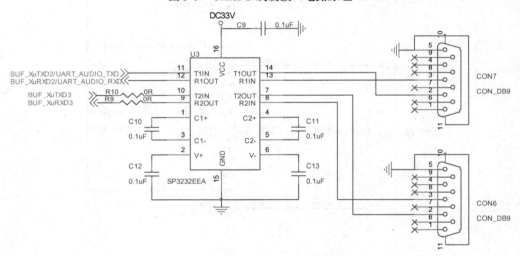

图 5-10　UART 带流控接口电路原理

5.6　红外信号接收器

红外信号接收器由 1 个 IRM3638 红外接收器组成。IRM3638 是一款遥控器常用的红外线接收头，接收频率为 38kHz ~ 56kHz，抗干扰能力强，接收距离为 L0°（0 度角）=15m，L45°（45 度角）=8m，能抵挡环境干扰光线，消耗电流为 0.8 ~ 1mA，具有低电压工作的优势。IRM3638 通常应用于专用机顶盒、遥控玩具、遥控电风扇、车载 DVD、卫星接收器等设备。

红外接收器信号连接 Exynos4412 的定时器输入引脚，由 Exynos4412 对红外信号进行解码且识别按键编码进而完成相应的按键响应功能。红外信号接收器原理如图 5-11 所示。

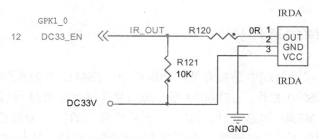

图 5-11　红外信号接收器原理图

5.7　CAN/RS - 485 通信接口模块

　　CAN 总线和 RS - 485 总线是常用的工业现场通信总线，FS4412 开发板也设计了相关的应用电路。

　　CAN 总线采用了 MCP2515 芯片。MCP2515 是一款独立控制器局域网络（Controller Area Network，CAN）协议控制器，完全支持 CAN V2.0B 技术规范。该器件能发送和接收标准和扩展数据帧以及远程帧。MCP2515 自带的 2 个验收屏蔽寄存器和 6 个验收滤波寄存器可以过滤掉不需要的报文，因此可减少主单片机（MCU）的开销。MCP2515 与 MCU 的连接是通过业界标准串行外设接口（SPI）来实现的。

　　RS - 485 模块采用了 SP3485 芯片。SP3485 是一系列 + 3.3V 低功耗半双工收发器，完全满足 RS - 485 和 RS - 422 串行协议的要求。SP3485 与 Sipex 的 SP481、SP483 和 SP485 的引脚互相兼容，同时兼容工业标准规范。SP3481 和 SP3485 符合 RS - 485 和 RS - 422 串行协议的电气规范，数据传输速率可高达 10Mbit/s（带负载）。CAN 模块电路如图 5-12 所示，RS - 485 模块电路如图 5-13 所示。

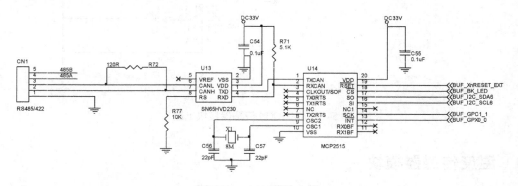

图 5-12　CAN 模块电路

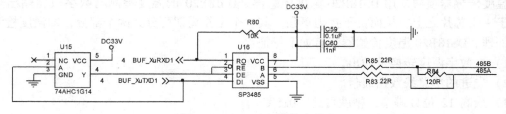

图 5-13　RS - 485 模块电路

5.8　3-AXIS 传感器模块

加速度传感器在移动终端中是很常见的功能模块，FS4412 开发板的 3-AXIS 加速度传感器模块采用了 MPU6050 芯片。MPU6050 是全球首例 3 轴运动处理传感器。它集成了 3 轴 MEMS 陀螺仪，3 轴 MEMS 加速度计，以及一个可扩展的数字运动处理器（Digital Motion Processor，DMP），可用 I²C 接口连接一个第三方的数字传感器，比如磁力计。MPU6050 的角速度全格感测范围为 ±250°、±500°、±1000° 与 ±2000°/s（dps），可准确追踪快速与慢速动作。用户可编程控制的加速器全格感测范围为 ±2g、±4g、±8g 与 ±16g。加速度传感器结果输出可通过传输频率最高至 400kHz 的 I²C 接口或 20MHz 的 SPI 接口（SPI 仅 MPU6000 可用）。MPU6050 可在不同电压下工作，VDD 供电电压为 2.5V±5%、3.0V±5% 或 3.3V±5%，逻辑接口 VVDIO 供电为 1.8V±5%（MPU6050 仅用 VDD）。MPU6050 的包装尺寸为 4×4×0.9mm 采用 QFN（Quad Flat No-LeadPackage，方形扁平无引脚）封装，这在业界是革命性的尺寸。其他的特征包含内建的温度感测器、在运动环境中仅有 ±1% 变动的振荡器。3-AXIS 传感器主要应用于运动感测游戏、现实增强、电子稳像等方面。3-AXIS 加速度传感器模块电路如图 5-14 所示。

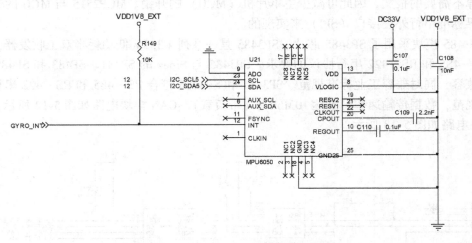

图 5-14　3-AXIS 传感器模块电路

5.9　温度传感器模块

温度传感器模块采用 DS18B20 温度传感器。DS18B20 的温度检测与数字数据输出全都集成于一个芯片之上，从而抗干扰力更强。其一个工作周期可分为两个部分，即温度检测和数据处理。DS18B20 温度传感器具有如下特征：

1）全数字温度转换及输出。

2）先进的单总线数据通信。

3）最高 12 位分辨率，精度可达 ±0.5℃。

4）12 位分辨率时的最大工作周期为 750ms。

5）可选择寄生工作方式。

6）检测温度范围为 $-55 \sim +125℃$（$-67 \sim +257 ^{\circ}F$）。

7）内置 EEPROM 限温报警功能。

8）64 位光刻 ROM 内置产品序列号，方便多机挂接。

9）多样封装形式，适应不同硬件系统。

温度传感器模块电路如图 5-15 所示。

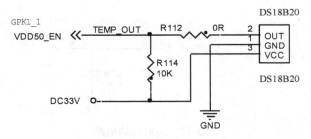

图 5-15　温度传感器模块电路

5.10　音频模块

音频模块中采用的是 WM8960 芯片。WM8960 是一款低功耗、高品质的专为便携式数字音频应用而设计开发的编解码器。当 WM8960 运行模拟电源的电压下降到 2.7V 时，数字电源的运行电压可降为 1.71V，达到节约用电的目的。扬声器电源的工作电压可高达 5.5V。而未使用的功能可通过软件控制被禁用。WM8960 采用小而薄的 $5 \times 5mm$ QFN 封装，非常适合于手持式和便携式系统。音频模块电路如图 5-16 所示。

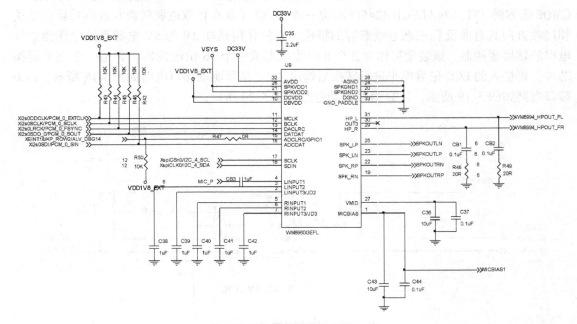

图 5-16　音频模块电路

5.11　ADC 模块

FS4412 采用 Exynos4412 内部的 ADC 转换单元进行模拟量信号采集，外部信号采用电位器分压得到变化的模拟电压。ADC 模块电路如图 5-17 所示。

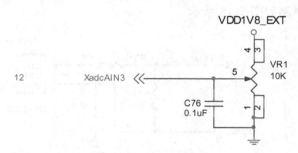

图 5-17　ADC 模块电路

5.12　LCD 模块

LCD 模块中有一个 RGB/LVDS 接口，配置七英寸 1024×600 的液晶屏。由于 Exynos4412 处理器输出为 1.8V TTL 电平，而液晶屏的接口为 3.3V TTL 电平，因此需要对接口电平进行转换。同时，由于 LCD 信号速率高、走线长，还需要对其信号进行驱动增强。本开发板中采用了 74ALVC164245DGG 和 PCA9306DCTR 芯片来完成电平转换和信号驱动。

74ALVC164245DGG 是一种高性能、低功耗、低电压的 CMOS 设备，优于最先进的 CMOS 兼容的 TTL。74ALVC164245DGG 是一个 16 位（双八）双电源转换收发器并且在发送和接收方向具有非反相三态总线兼容的特性。它的作用是在 3V 与 5V 电源系统中作为信号电率的转换缓冲器。该装置可作为 2 个 8 位收发器或一个 16 位收发器。它是一个电平转换芯片，将接入的 LCD 信号电平进行转换后输出。I^2C 信号驱动接口电路如图 5-18 所示，LCD 接口电路如图 5-19 所示，LCD 信号驱动电路如图 5-20 所示。

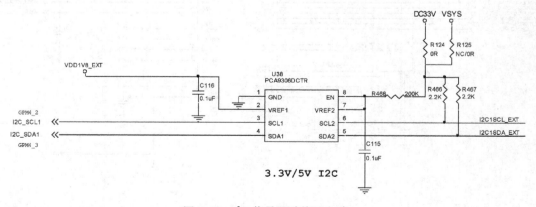

图 5-18　I^2C 信号驱动接口电路

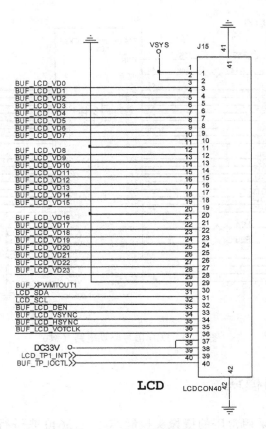

图 5-19 LCD 接口电路

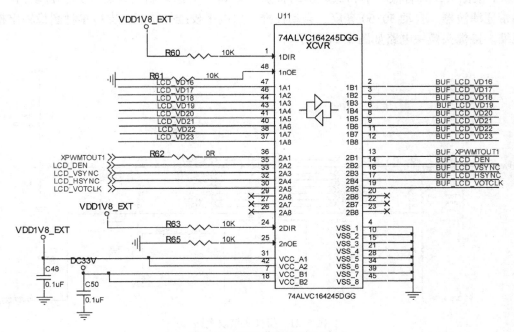

图 5-20 LCD 信号驱动电路

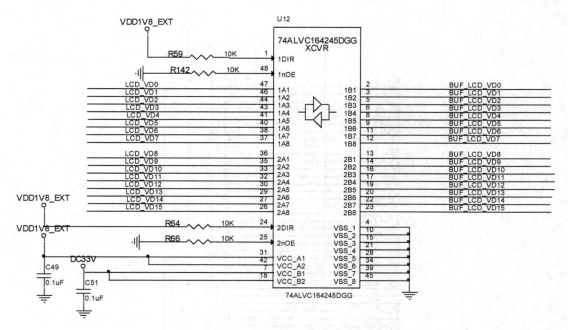

图 5-20　LCD信号驱动电路（续）

5.13　摄像头接口模块

摄像头接口模块中采用常用的摄像头控制芯片 OV3640 来进行接口驱动。该芯片支持 300 万素摄像头，具有低功率和低成本的特点，且具有图像控制、自动曝光、自动白平衡、自动带通滤波器、自动 50/60 亮度，自动校准、黑电平校准等功能，支持多种图像输出格式和压缩。摄像头模块电路如图 5-21 所示。

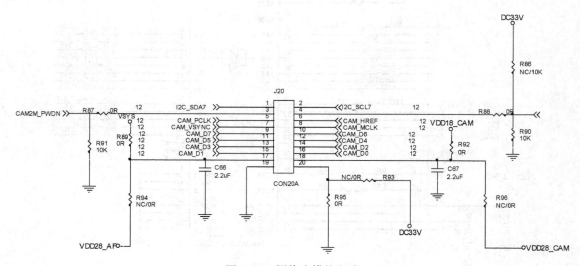

图 5-21　摄像头模块电路

5.14　TF 卡/SD 卡存储模块

Exynos4412 处理器内部带有 SDCard 和 TFCard 读写功能模块，因此直接把 SD 卡和 TF 卡的信号线与 Exynos4412 相关的信号线进行匹配连接即可。SDCard 提供如下接口信号：SD_NCD、SD_WP、SD_CMD、SD_CLK、SD_PWR、SD_DAT [0：3]。SD_NCD、SD_WP、SD_CLK、SD_CMD 以及 SD_DAT [0：3] 都需要通过上拉电阻进行上拉以确保信号传输稳定性，电源需要就近连接滤波电容以保证稳定。SD 卡接口电路如图 5-22 所示。TFCard 提供如下接口信号：TF_CMD、TF_CLK、TF_SW [1、2]、TF_DAT [0：3]。TF_CMD、TF_CLK 和 TF_DAT [0：3] 需要连接上拉电阻，确保信号传输的稳定性，电源需要就近连接滤波电容以保证稳定。TF 卡接口电路如图 5-23 所示。

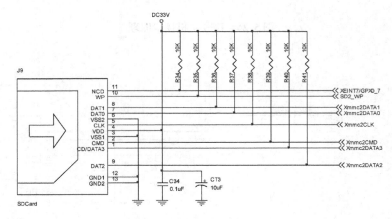

图 5-22　SD 卡接口电路

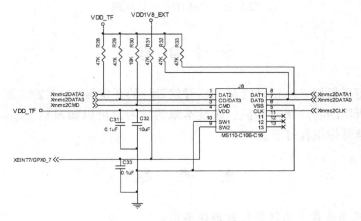

图 5-23　TF 卡接口电路

5.15　USB 模块

USB 模块包括 3 个 USB 主机接口和 1 个 USB OTG 接口。USB OTG 标准在完全兼容 USB2.0 标准的基础上增添了电源管理（节省功耗）功能，它允许设备既可作为主机，也可作为外设操作。USB 主机接口原理如图 5-24 所示，USB OTG 接口原理如图 5-25 所示。

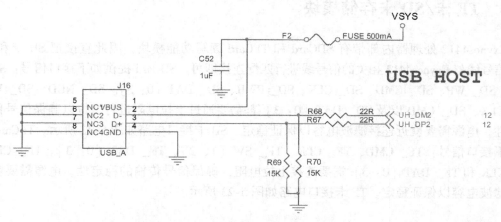

图 5-24　USB 主机接口原理

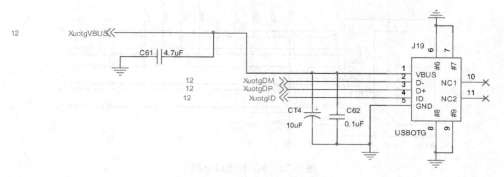

图 5-25　USB OTG 接口原理

本 章 小 结

本章主要介绍了根据 Exynos4412 处理器开发设计的开发板 FS4412 的各个功能模块，以及各功能模块中所用的芯片及其特征。通过本章的学习，可以加深对 Exynos4412 处理器的了解，并为下一章部件编程打下基础。

思 考 题

1. 简述嵌入式系统最小系统都包括哪些单元。
2. 在本书描述的开发板中，GPU 的作用是什么？
3. 嵌入式系统设计中，设计存储系统应注意哪些要点？
4. 电源系统应注意哪些要点？

第 6 章　Exynos4412 部件编程实例

本章将对 Exynos4412 最基本的内部部件编程进行介绍，包括使用部件寄存器来控制部件的运作，编写基本的部件中断程序，以及利用内存管理单元（MMU）来控制虚拟内存和物理内存之间的映射。通过本章的学习，读者可掌握 Exynos4412 常用部件的编程思路和技巧。

6.1　GPIO 编程

GPIO 控制技术是接口技术中最简单的一种。本节将介绍 Exynos4412 GPIO 接口的使用方法和编程实例。通过该实例，读者可了解嵌入式微处理器中对于处理器的内部部件是如何编程控制的，特别是与部件相关联的特殊功能寄存器的程序变量定义和控制。

6.1.1　GPIO 功能描述

在嵌入式系统中常常有很多简单的外部设备/电路，对这些设备/电路的控制通常只要求一位，即只要有开/关两种状态就够了。比如，控制某个 LED 灯亮与灭，或者通过获取某个引脚的电平属性来判断外围设备的状态。所以，在嵌入式处理器上一般都会提供一个"通用可编程 I/O 接口"，即 GPIO。GPIO 最简单的应用是监控引脚的瞬时电平，进一步可判断和控制芯片引脚的连续电平变化，即通过软件监控引脚电平时序，来模拟各种各样的部件功能，如 SPI、I^2C 和 UART 等（实际上处理器内部的大多数部件也可监控引脚时序，只不过不是通过软件来完成，而是通过芯片的内部部件在硬件上自动完成）。

Exynos4412 有 304 个多功能输入输出 GPIO，分为 37 组通用 GPIO 和 2 组 Memory GPIO。可以通过设置寄存器来确定某个引脚是用于输入、输出还是其他特殊功能。GPIO 操作是所有操作的基础，由此扩展开来可以了解所有的硬件操作，因此是底层硬件和软件开发人员必须要掌握的。

6.1.2　Exynos4412 的 GPIO 常用寄存器分类

对于 Exynos4412，通常使用芯片的内部寄存器来控制 GPIO，这些寄存器一般驻留在芯片的内部 RAM 中，每个寄存器都有固定的唯一储存器地址，每个寄存器都是 32 位，占 4 个字节的存储空间。一般同类部件的多个寄存器地址都是连在一起的，有一个寄存器内存基地址，通过相对于该基地址的偏移量来确定某个特定的寄存器。例如：GPIO 寄存器 GPX1 组的基地址是 0x11000000，GPX1CON 的偏移量是 0x0C20，所以 GPX1CON 在内部 RAM 中的地址是 0x11000C20。GPIO 常用的寄存器主要有以下 4 种：

1）端口控制寄存器：GPA0CON ~ GPZCON。在 Exynos4412 中，大多数的引脚都可复用，所以必须对每个引脚进行配置。端口控制寄存器（GPnCON）定义了每个引脚的功能。

2）端口数据寄存器：GPA0DAT ~ GPZDAT。如果端口被配置成了输出端口，可以向GPnDAT的相应位写数据；如果端口被配置成了输入端口，可以从GPnDAT的相应位读出数据。

3）端口上拉寄存器：GPA0PUD ~ GPZPUD。端口上拉寄存器控制了每个端口组的上拉/下拉电阻的使能/禁止。根据对应位的0/1组合，设置对应端口的上拉/下拉电阻功能是否使能。如果端口的上拉电阻被使能，无论在哪种状态（输入、输出、DATAn、EINTn等）下，上拉电阻都起作用。

4）驱动能力寄存器：GPA0DRV ~ GPZDRV。驱动能力寄存器设置GPIO口的驱动能力。

6.1.3　Exynos4412的GPIO常用寄存器详解

本小节将对Exynos4412引脚复用配置寄存器即端口控制寄存器，以及监控GPIO功能的引脚电平寄存器即端口数据寄存器进行详细介绍。

1. 端口控制寄存器

对于高端ARM处理器，由于其内部部件比较丰富，芯片引脚资源比较宝贵，一般一个引脚可以被多个部件使用。但是对于每一个时刻，一个引脚只能被一个部件所使用，所以ARM处理器会有一个寄存器来配置引脚复用功能，即确定引脚在当前时刻是被哪个部件使用。

对于Exynos4412来说，使用端口控制寄存器（GPA0CON ~ GPZCON）来设置引脚复用功能。每个引脚的配置是使用一个端口控制寄存器的4个位。本例子用到了GPX2_ 7、GPX1_ 0、GPF3_ 4、GPF3_ 5这4个I/O引脚，GPX2_ 7引脚复用配置对应GPX2CON的［31：28］位，GPX1_ 0引脚复用配置对应GPX1CON的［3：0］位，GPF3_ 4引脚复用配置对应GPF3CON的［19：16］位，GPF3_ 5引脚复用配置对应GPF3CON的［23：20］位。GPX2CON控制寄存器见表6-1，GPX1CON控制寄存器见表6-2，GPF3CON控制寄存器见表6-3。

表6-1　GPX2CON控制寄存器（基地址0x11000000，地址偏移0x0C40）

名称	位	类型	描　　述	复位值
GPX2CON [7]	[31: 28]	RW	0x0 = 输入 0x1 = 输出 0x2 = 保留 0x3 = KP_ ROW [7] 0x4 = 保留 0x5 = ALV_ DBG [19] 0x6 to 0xE = 保留 0xF = WAKEUP_ INT2 [7]	0x00

表6-2 GPX1CON 控制寄存器（基地址 0x11000000，地址偏移 0x0C20）

名称	位	类型	描 述	复位值
GPX1GON [0]	[3：0]	RW	0x0 = 输入 0x1 = 输出 0x2 = 保留 0x3 = KP_ COL [0] 0x4 = 保留 0x5 = ALV_ DBG [4] 0x6 to 0xE = 保留 0xF = WAKEUP_ INT1 [0]	0x00

表6-3 GPF3CON 控制寄存器（基地址 0x11400000，地址偏移 0x01E0）

名称	位	类型	描 述	复位值
GPF3CON [5]	[23：20]	RW	0x0 = 输入 0x1 = 输出 0x2 = SYS_ OE 0x3 to 0xE = 保留 0xF = EXT_ INT 16 [5]	0x00
GPF3CON [4]	[19：16]	RW	0x0 = 输入 0x1 = 输出 0x2 = VSYNC_ LDI 0x3 to 0xE = 保留 0xF = EXT_ INT 16 [4]	0x00

对 GPIO 来说，需要首先通过端口寄存器配置对应的引脚。通过观察端口寄存器的内容可知，当对应引脚的4位配置为 0x0 时，将该引脚专用于 GPIO 功能，并设置该引脚为输入；当对应引脚的4位配置为 0x1 时，将该引脚专用于 GPIO 功能，并设置该引脚为输出。如果对应引脚的4位配置为其他值，则该引脚不用于 GPIO 功能，之后 GPIO 的引脚电平控制寄存器设置都将不起作用。

2. 端口数据寄存器

当通过端口配置寄存器将引脚配置为 GPIO 功能的输入或输出后，就可以使用端口数据寄存器来监控引脚的电平。当处于 GPIO 功能的输入状态时，若引脚为高或低电平，端口数据寄存器的对应位为1或0。例如：配置 GPX2_7 为 GPIO 输入功能，当 GPX2_7 引脚为高电平时，GPX2DAT 的位 [7] 将置1。当处于 GPIO 功能的输出状态时，若端口数据寄存器的对应位为 1 或 0，对应引脚将输出高或低电平。例如：GPX2_7 为 GPIO 输出功能，GPX2DAT 的位 [7] 置1，GPX2_7 引脚将输出高电平。本例子用到了 GPX2_7、GPX1_0、GPF3_4、GPF3_5 这4个 I/O 引脚，GPX2_7 对应 GPX2DAT 的 [7] 位，GPX1_0 引脚复用配置对应 GPX1DAT 的 [0] 位，GPF3_4 对应 GPF3DAT 的 [4] 位，GPF3_5 对应 GPF3DAT 的 [3] 位。GPX2DAT 数据寄存器见表6-4，GPX1DAT 数据寄存器见表6-5，GPF3DAT 数据寄存器见表6-6。

表 6-4　GPX2DAT 数据寄存器（基地址 0x11000000，地址偏移 0x0C44）

名称	位	类型	描　述	复位值
GPX2DAT [7：0]	[7：0]	RWX	当配置端口为输入端口时，寄存器中每一位的值为对应引脚的状态；当配置端口为输出端口时，引脚的状态将由寄存器中对应位的值来设置；当端口配置为功能端口时，寄存器读出来的值没有被明确定义，是不确定的。	0x00

表 6-5　GPX1DAT 数据寄存器（基地址 0x11000000，地址偏移 0x0C24）

名称	位	类型	描　述	复位值
GPX1DAT [7：0]	[7：0]	RWX	当配置端口为输入端口时，寄存器中每一位的值为对应引脚的状态；当配置端口为输出端口时，引脚的状态将由寄存器中对应位的值来设置；当端口配置为功能端口时，寄存器读出来的值没有被明确定义，是不确定的。	0x00

表 6-6　GPF3DAT 数据寄存器（基地址 0x11400000，地址偏移 0x01E4）

名称	位	类型	描　述	复位值
GPF3DAT [5：0]	[5：0]	RWX	当配置端口为输入端口时，寄存器中每一位的值为对应引脚的状态；当配置端口为输出端口时，引脚的状态将由寄存器中对应位的值来设置；当端口配置为功能端口时，寄存器读出来的值没有被明确定义，是不确定的。	0x00

6.1.4　GPIO 编程实例

利用 Exynos 4412 的 GPX2_7、GPX1_0、GPF3_4、GPF3_5 这 4 个 I/O 引脚控制 4 个 LED 发光二极管，使其有规律地闪烁。

1. 电路原理

电路原理如图 6-1 所示，LED2 ~ LED5 分别与 GPX2_7、GPX1_0、GPF3_4、GPF3_5 相连，通过 GPX2_7、GPX1_0、GPF3_4、GPF3_5 引脚的高低电平来控制晶体管的导通性，从而控制 LED 的亮灭。

根据晶体管的特性，当这几个引脚输出高电平时，集电极和发射极导通，发光二极管点亮；反之，发光二极管熄灭。通过控制 GPX1CON、GPX2CON、GPF3CON、GPX1DAT、GPX2DAT、GPF3DAT 来控制 GPX2_7 和 GPX1_0、GPF3_4、GPF3_5 对应的 LED，具体寄存器请查阅数据手册。

2. 编程步骤

（1）寄存器设置

为了实现控制 LED 的目的，需要通过配置 GPX1CON、GPX2CON、GPF3CON 寄存器将

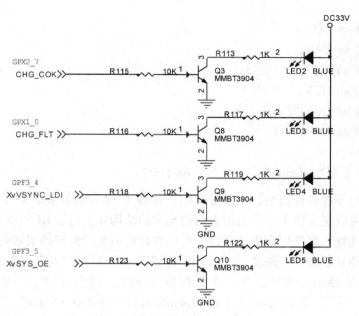

图 6-1 电路原理

GPX2_7、GPX1_0、GPF3_4、GPF3_5 设置为输出属性。通过设置对应的 DAT 寄存器实现点亮与熄灭 LED。每个处理器对于寄存器的编程使用，一般都会有一个头文件包含所有寄存器的定义，程序设计者也可以自己定义需要用到的寄存器。本书所用到的寄存器定义都包含在头文件 exynos_4412. h 中，其中包含了本例所用到的 GPX1、GPX2 和 GPF3 3 组 GPIO 寄存器程序定义，流程如下：

```
/ * GPX1 寄存器程序定义 * /
typedef struct {
    unsigned int CON;
    unsigned int DAT;
    unsigned int PUD;
    unsigned int DRV;
} gpx1;
#define GPX1 ( * ( volatile gpx1 * )0x11000C20 )
    / * GPX2 寄存器程序定义 * /
typedef struct {
    unsigned int CON;
    unsigned int DAT;
    unsigned int PUD;
    unsigned int DRV;
} gpx2;
#define GPX2 ( * ( volatile gpx2 * )0x11000C40 )
    / * GPF3 寄存器程序定义 * /
```

```
typedef struct {
    unsigned int CON;
    unsigned int DAT;
    unsigned int PUD;
    unsigned int DRV;
    unsigned int CONPDN;
    unsigned int PUDPDN;
} gpf3;
#define GPF3 ( * ( volatile gpf3 * )0x114001E0)
```

由于每组寄存器在存储器地址上是连续的，且每个32位寄存器占四个字节，因此，对于各组寄存器，可以定义以无符号整型为结构元素的结构体。每组GPIO寄存器都以CON寄存器地址为起始地址，要使用该组寄存器，可以将起始地址强制转换成结构体指针，然后再引用。例如在GPX2定义中，通过"（volatile gpx2 *) 0x11000C40"，将GPX2组寄存器起始地址0x11000C40强制转换成包含4个寄存器（CON、DAT、PUD和DRV）的结构体指针，再加上一个" * "，形成代码"（ * （volatile gpx2 * ） 0x11000C40 ）"，表示引用结构体指针。这种寄存器的定义用法广泛应用于各类单片机中。这类似传统的C语言指针变量定义和使用，如在C语言中要访问内存，可采用以下方法：

```
unsigned int tmp;//临时变量
unsigned int * ptr;//定义整型指针 ptr
ptr = ( unsigned int * )0x11000000;//将地址 0x11000000 强制转换成整型指针
tmp = * ptr;//读内存地址 0x11000000 处的字内容
 * ptr = 0x10;//给内存地址 0x11000000 处写字数据 0x10
```

其中，volatile关键字的作用是确保本条指令不会因编译器的优化而省略，且要求每次直接读值。例如：

```
REG[1] = 0x01;
REG[1] = 0x02;
REG[1] = 0x03;
REG[1] = 0x04;
```

对硬件寄存器而言，上述4条语句分别表示不同的操作，会产生4种不同的动作，但是编译器却会对上述4条语句进行优化，认为只有REG［1］=0x04，而忽略前3条语句，只产生一条机器代码。如果在程序定义时加入volatile，则编译器会逐一的进行编译并产生相应的机器代码，产生4条代码。

程序定义好寄存器之后，就可以对寄存器进行读写，如要读GPX1的CON寄存器到变量tmp中，可采用代码tmp = GPX1. CON，如要向GPF3的DAT寄存器写0x01，可采用代码GPF3. DAT = 0x01。

（2）程序编写

本例主程序的设计主要包含初始化和主循环两部分。在初始化部分，通过CON寄存器，把需要用到 GPX2_7、GPX1_0、GPF3_4、GPF3_5 的 4 个引脚配置为 GPIO 的输出功能。在主循环部分，通过 DAT 寄存器控制对应引脚电平，进而控制 LED 的亮和灭，相关代码如下：

```
#include "exynos_4412. h"
/ * --------------------MAIN FUNCTION ------------------------* /
/ ***************************************************************
 * @ brief              Main program body
 * @ param[ in]         None
 * @ return             int
 ***************************************************************/
int main( void)
{
        GPX2. CON = ( GPX2. CON & ~(0xf << 28))| 1 << 28;
    //GPX2_7：设置为输出,led2
        GPX1. CON = ( GPX1. CON & ~(0xf)) | 1; //GPX1_0：设置为输出, LED3
        GPF3. CON = ( GPF3. CON & ~(0xf << 16 | 0xf << 20)) | (1 << 16 | 1 << 20);
//GPF3_4：设置为输出,LED4
        while(1)
        {
                //打开 LED2
                GPX2. DAT | = 0x1 << 7;
                mydelay_ms(500) ;//延迟 500ms
                //打开 LED3
                GPX1. DAT | = 0x1;
                //关闭 LED2
                GPX2. DAT & = ~(0x1 <<7);
                mydelay_ms(500) ; //延迟 500ms
                //打开 LED5
                GPF3. DAT | = (0x1 <<5);
                //关闭 LED3
                GPX1. DAT & = ~0x1;
                mydelay_ms(500) ; //延迟 500ms
                //打开 LED4
                GPF3. DAT | = (0x1 <<4);
                //关闭 LED5
                GPF3. DAT & = ~(0x1 <<5);
                mydelay_ms(500) ; //延迟 500ms
                //关闭 LED4
                GPF3. DAT & = ~(0x1 <<4);
```

```
    }
        return 0;
    }
```

6.2　中断控制器编程

ARM 内核对于内部部件的中断处理通过 FIQ 和 IRQ 两种 ARM 异常中断来处理。Exynos4412 可响应多达 160 个中断源触发的中断，需要一个内部部件中断控制器来管理这些中断源，中断控制器主要包含两个功能：Exynos4412 利用中断控制器对 160 个中断源进行设置管理；在 Exynos4412 中的某个处理器核通过 FIQ 和 IRQ 响应中断时，需要识别是 160 个中断源中的哪个中断源触发的中断。

6.2.1　ARM 处理器的中断响应流程

ARM 内核只有两个外部中断输入信号 nFIQ 和 nIRQ。但对于一个系统来说，中断源可能多达几十个。为此，在系统集成时，一般都会有一个中断控制器来处理中断信号，如图 6-2 所示。

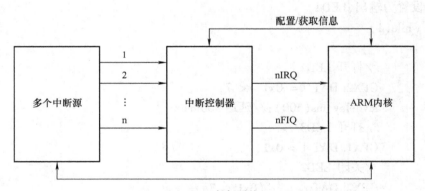

图 6-2　中断系统

这时候用户程序可能存在多个 IRQ/FIQ 的中断处理函数。为了使从向量表开始的跳转始终能找到正确的处理函数入口，需要设置处理机制和方法。在以往的 ARM 芯片中采用的是使用软件来处理异常分支，因为软件可以通过读取中断控制器来获得中断源的信息，从而达到中断分支的目的，如图 6-3 所示。

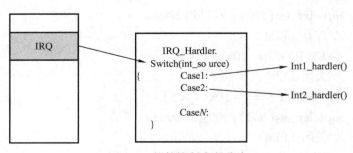

图 6-3　软件控制中断分支

6.2.2 Exynos4412 中断概述

Exynos4412 采用通用中断控制器（GIC）管理处理器的中断资源，Exynos4412 中断控制器可支持 160 个中断源，包含 16 个软件中断（Software Generated Interrupt，SGI），16 个私有外部中断（Private Peripheral Interrupt，PPI）和 128 个公共外部中断（Shared Peripheral Interrupt，SPI）。

外部中断（Peripheral Interrupts）是处理器的内部部件满足中断条件后，触发 ARM 核产生中断，并自动将相关的中断源信息和状态设置给 GIC。对于 Exynos4412 处理器，这类中断包含私有外部中断（PPI）和公共外部中断（SPI）。PPI 表示产生的中断源只能触发某一 ARM 处理器内核，由特定的处理器核进行处理；SPI 表示产生的中断源可触发任意的处理器核组合，并由选中的 ARM 处理器内核分别进行处理。SGI 是由软件设置 GIC 的相关寄存器产生的，主要用于处理器核之间的通信。

一个中断源的状态通常有 4 种：

1）不活跃（Inactive）：中断源的中断条件不满足。

2）挂起（Pending）：中断源的中断条件满足，但还未被任何的处理器核处理。

3）活跃（Active）：中断源的中断条件满足，并且正在被处理器核处理，但未处理完。

4）活跃并挂起（Active and Pending）：处理器核正在处理某一中断源的中断，同时同一中断源的中断条件满足，并处于挂起状态，正等待处理器核的处理。

对于所有的 160 个中断源，每个中断源都被赋予了唯一的中断号（ID），GIC 和处理器核对于中断源的管理和处理都是基于中断号来进行的。16 个 SGI 对应 0 ~ 15 号中断，16 个 PPI 对应 16 ~ 31 号中断，128 个 SPI 对应 32 ~ 159 号中断。通常对于中断的屏蔽和使能等标志，每个中断源都采用一个位来进行控制，160 个中断源一般对应 5 个寄存器，按照中断号的从小到大对应 5 个寄存器的相应位。例如：CPU0 的中断使能寄存器包含 ICDISER0 ~ ICDISER4，SGI 的设置占用 ICDISER0［15：0］，PPI 的设置占用 ICDISER0［31：16］，SPI 的设置占用 ICDISER1 ~ ICDISER4 4 个寄存器，就本例而言，中断源 EINT9 的中断号 ID 是 57，是第 25 个 SPI 中断，其相应的控制位是 ICDISER1［25］；中断源 EINT10 的中断号 ID 是 58，是第 26 个 SPI 中断，其相应的控制位是 ICDISER1［26］。

6.2.3 中断相关控制寄存器

对于 Exynos4412 中断的程序设计，主要包含 3 个方面的内容：①设置部件的中断触发条件，即在什么条件下将触发某一中断源，对于本例而言，外部中断 EINT9（其对应的引脚为 GPX1_1）或外部中断 EINT10（其对应的引脚为 GPX1_2）捕获到下降沿时，产生中断 EINT9 和 EINT10；②通过 GIC 设置中断源的中断响应方式；③中断触发处理，在中断被触发时，通过 GIC 识别触发中断源，并在中断处理结束之后，清除中断标准，通知 GIC 中断处理完毕，可响应下一个中断。

1. 设置外部中断源 EINT9 和 EINT10 的中断触发条件

对于外部中断触发条件的设置主要包含 3 个内容：①设置 EINT9 和 EINT10 对应的引脚 GPX1_1 和 GPX1_2 为外部中断功能；②设置该外部中断的触发方式；③控制该外部中断的使能和禁止。

（1）设置引脚的复用选择

EINT9 和 EINT10 对应的引脚是 GPX1_1 和 GPX1_2，配置 GPX1_1 和 GPX1_2 复用选择寄存器 CON，将这两个引脚对应的 GPX1CON [7：4] 和 GPX1CON [11：8] 功能设置为 WAKEUP_INT1 的功能。GPX1_1 对应 WAKEUP_INT1 [1]，查询中断控制器的中断号表，可知其对应中断源 EINT9；GPX1_2 对应 WAKEUP_INT1 [2]，查询中断控制器的中断号表，可知其对应中断源 EINT10。表 6-7 为 GPX1CON 控制寄存器 GPX1CON [7：4] 的设置信息。

表 6-7　GPX1CON 控制寄存器 （基地址 0x11000000，地址偏移 0x0C20）

名称	位	类型	描　述	复位值
GPX1CON [1]	[7：4]	RW	0x0 = 输入 0x1 = 输出 0x2 = 保留 0x3 = KP_ COL [1] 0x4 = 保留 0x5 = ALV_ DBG [5] 0x6 to 0xE = 保留 0xF = WAKEUP_ INT1 [1]	0x00

（2）设置外部中断的触发方式

外部中断的触发方式有 5 种：低电平、高电平、下降沿、上升沿和双边沿。GPX1_1（外部中断 WAKEUP_INT1 [1]）对应的触发方式配置为 EXT_INT41CON [6：4] 位，GPX1_2（外部中断 WAKEUP_INT1 [2]）对应的触发方式配置为 EXT_INT41_CON [10：8] 位，EXT_INT41CON 配置寄存器见表 6-8。

表 6-8　EXT_INT41CON 配置寄存器 （基地址 0x11000000，地址偏移 0x0E04）

名称	位	类型	描　述	复位值
EXT_INT41_CON [2]	[10：8]	RW	设置 EXT_INT41 [2] 的中断触发方式 0x0 = 低电平 0x1 = 高电平 0x2 = 下降沿触发 0x3 = 上升沿触发 0x4 = 双边沿触发 0x5 to 0x7 = 保留	0x0
RSVD	[7]	—	Reserved	0x0
EXT_INT41_CON [1]	[6：4]	W	设置 EXT_INT41 [1] 的中断触发方式 0x0 = 低电平 0x1 = 高电平 0x2 = 下降沿触发 0x3 = 上升沿触发 0x4 = 双边沿触发 0x5 to 0x7 = 保留	0x0

（3）外部中断的使能和禁止

GPX1_1（外部中断 WAKEUP_INT1［1］）对应的中断使能和禁止为 EXT_INT41_MASK［1］位。EXT_INT41_MASK［1］设置为 0 表示允许产生中断，当 GPX1_1 引脚接收到中断信号，中断状态寄存器 EXT_INT41_PEND［1］会自动置 1，则中断控制器 GIC 认为外部中断源 EINT9 的中断触发条件已满足，进入处理器的下一步中断响应；EXT_INT41_MASK［1］设置为 1 表示禁止外部中断 WAKEUP_INT1［1］）。GPX1_2（外部中断 WAKEUP_INT1［2］）对应的中断使能和禁止为 EXT_INT41_MASK［2］位，对应的中断状态寄存器为 EXT_INT41_PEND［2］。EXT_INT41_MASK 配置寄存器见表 6-9，EXT_INT41_PEND 配置寄存器见表 6-10。

表 6-9　EXT_INT41_MASK 配置寄存器（基地址 0x11000000，地址偏移 0x0F04）

名称	位	类型	描　　述	复位值
EXT_INT41_MASK［2］	［2］	RW	0x0 = 允许中断 0x1 = 禁止中断	0x1
EXT_INT41_MASK［1］	［1］	RW	0x0 = 允许中断 0x1 = 禁止中断	0x1

表 6-10　EXT_INT41_PEND 配置寄存器（基地址 0x11000000，地址偏移 0x0F44）

名称	位	类型	描　　述	复位值
EXT_INT41_PEND［2］	［2］	RWX	0x0 = 没有发生中断 0x1 = 发生中断	0x0
EXT_INT41_PEND［1］	［1］	RWX	0x0 = 没有发生中断 0x1 = 发生中断	0x0

2. 中断控制器 GIC 设置中断源的响应方式

Exynos4412 是四核处理器（CPU0 ~ CPU3），对于 PPI，可由 GIC 设置由一个或多个处理器核来响应。在本例中，外部中断 EINT9 和 EINT10 将发送给处理器核 0（CPU0）进行响应，因此要设置 CPU0 对应的寄存器，包括 CPU0 允许响应外部中断 EINT9 和 EINT10、CPU0 中断响应开关和 CPU0 优先级过滤寄存器。在此基础上，需要进一步打开 GIC 的允许中断响应总开关，以及设置中断目标寄存器，决定某一中断源由哪些处理器核来响应。

（1）CPU0 允许响应外部中断 EINT9 和 EINT10

CPU0 的可独立使能或屏蔽响应 160 个中断源，需要设置中断使能寄存器 ICDISER，对应的是 ICDISER0_CPU0、ICDISER1_CPU0、ICDISER2_CPU0、ICDISER3_CPU0 和 ICDIS-ER4_CPU0 5 个寄存器共 160 位。EINT9 和 EINT10 的中断号分别为 57 和 58，所以对应的是 ICDISER1_CPU0 的位［25］和位［26］，设置为 1，CPU0 允许响应对应的中断源。中断使能寄存器 ICDISER 见表 6-11。

表6-11　中断使能寄存器 ICDISER（基地址 0x10490000，ICDISER0_ CPU0 地址偏移 0x0100，ICDISER1_ CPU0 地址偏移 0x0104，ICDISER2_ CPU0 地址偏移 0x0108，ICDISER3_ CPU0 地址偏移 0x010C，ICDISER4_ CPU0 地址偏移 0x0110）

名称	位	类型	描　述	复位值
中断设置使能位	[31：0]	RW	对于 SPIs 和 PPIs 的每一位： 读： 0 表示位数据对应的中断处于屏蔽状态 1 表示位数据对应的中断处于使能状态 写： 写入 0 没有意义，被忽略 写入 1，使能位数据对应的中断，后续的读操作对应的位将返回 1	0x0

（2）CPU0 中断响应开关

Exynos4412 的 4 个处理器核（CPU0 ~ CPU3），每个处理器核都可允许或禁止响应中断，由中断控制器使能寄存器 ICCICR_ CPU0、ICCICR_ CPU1、ICCICR_ CPU2 和 ICCICR_ CPU3 来设置。ICCICR 寄存器的位［0］设置为 1，则允许对应的处理器核响应中断。中断控制寄存器 ICCICR 见表 6-12。

表6-12　中断控制寄存器 ICCICR（基地址 0x10480000，ICCICR_ CPU0 地址偏移 0x0000，ICCICR_ CPU1 地址偏移 0x4000，ICCICR_ CPU2 地址偏移 0x8000，ICCICR_ CPU3 地址偏移 0xC000）

名称	位	类型	描　述	复位值
RSVD	[31：1]	—	保留	0x0
使能	[0]	RW	ARM 处理器核全局使能设置 0 表示禁止对应处理器核触发中断 1 表示允许对应处理器核解发中断	0x0

（3）CPU0 优先级过滤寄存器

Exynos4412 的 4 个处理器核（CPU0 ~ CPU3），每个处理器核都可以设置中断优先级过滤，4 个处理器核对应优先级过滤寄存器 ICCPMR_ CPU0、ICCPMR_ CPU1、ICCPMR_ CPU2 和 ICCPMR_ CPU3，每个 ICCPMR 的低 8 位为优先级，从 0 ~ 255 共有 256 个优先级，只有中断源优先级大于等于该寄存器设置的优先级，对应的中断源才能被处理器核所响应。注意：优先级值越小，级别越高。设置 ICCPMR_ CPU0 为 0xff，可以响应任何优先级的中断源。中断优先级过滤寄存器 ICCPMR 见表 6-13。

表6-13　中断优先级过滤寄存器 ICCPMR（基地址 0x10480000，ICCPMR_ CPU0 地址偏移 0x0004，ICCPMR_ CPU1 地址偏移 0x4004，ICCPMR_ CPU2 地址偏移 0x8004，ICCPMR_ CPU3 地址偏移 0xC004）

名称	位	类型	描　述	复位值
RSVD	[31：8]	—	保留	0x0
优先级	[7：0]	RW	CPU0 的优先级过滤设置 当中断的优先级高于设置的优先级过滤值，则该中断可以被处理器响应，可设置 256 级中断过滤器 0x00 ~ 0xFF（0 ~ 255）	0x0

（4）GIC 全局中断使能寄存器

当 GIC 全局中断使能寄存器 ICDDCR 的位［0］为 1 时，GIC 开始监控中断源，并将满足条件的中断源发送给相应的处理器核来响应。GIC 全局中断使能寄存器 ICDDCR 见表 6-14。

表 6-14 GIC 全局中断使能寄存器 ICDDCR（基地址 0x10480000，地址偏移 0x0000）

名称	位	类型	描 述	复位值
RSVD	［31：1］	—	保留	0x0
使能	［0］	RW	监视外部中断的全局使能设置，可将满足条件的中断发送给处理器核 0 = GIC 忽略所有外部中断信号，不将满足条件的中断发送给处理器核 1 = GIC 监视外部中断信号，并将满足条件的中断发送给处理器核	0x0

（5）GIC 中断目标寄存器

GIC 中断目标寄存器 ICDIPTR，决定某一中断源由那些处理器来响应。每个 32 位的 IC-DIPTR 对于 4 个中断源，每个中断源由 ICDIPTR 的 8 个位来设置，对应的位为 1，表示该中断源由相应的处理器核来响应，这 8 个位可多选，如果 8 个位都为 1，则表示该中断源分别由 8 个处理器核独立响应。本例中，EINT9 和 EINT10 分别为 SPI25 和 SPI26，其分别对应 ICDIPTR14［15：8］和 ICDIPTR14［23：16］，则 ICDIPTR14 设置为 0x010100，表示 EINT9 和 EINT10 只由 CPU0 来响应。中断目标寄存器 ICDIPTR 见表 6-15。

表 6-15 中断目标寄存器 ICDIPTR（基地址 0x10490000）

名称	位	描 述	复位值
ICDIPTR14	0x0838	处理器目标寄存器（SPI［27：24］）	0x0000_0000
ICDIPTR15	0x083C	处理器目标寄存器（SPI［31：28］）	0x0000_0000

3. 中断触发处理

当处理器核处理中断时，需要通过 GIC 识别正要处理中断源的中断号，并清除部件的中断挂起标志位和处理器核的中断挂起标志位，在中断处理结束之后，需要设置对应处理器核的中断结束状态寄存器，以告诉 GIC 中断处理结束，可以响应下一个中断。

（1）中断号（ID）识别寄存器

当一个处理器核响应某一中断源触发的中断时，可以通过 ICCIAR 寄存器（低 10 位）来获取中断源的中断号（ID），4 个处理器核分别对应 ICCIAR_CPU0、ICCIAR_CPU1、IC-CIAR_CPU2 和 ICCIAR_CPU3。中断号（ID）识别寄存器 ICCIAR 见表 6-16。

表6-16 中断号（ID）识别寄存器ICCIAR（基地址0x10480000，ICCIAR_CPU0地址偏移0x000C，
ICCIAR_CPU1地址偏移0x400C，ICCIAR_CPU2地址偏移0x800C，
ICCIAR_CPU3地址偏移0xC00C）

名称	位	类型	描　述	复位值
RSVD	[31：13]	—	保留	0x0
CPUID	[12：10]	R	在多核处理器中，对于SGI，该域标明请求中断的处理器。它返回请求中断的处理器编号 对于其他中断，该域返回0	0x0
ACKINTID	[9：0]	R	中断ID号	0x3FF

（2）外部中断挂起寄存器

要让处理器继续响应外部中断EINT9和EINT10，需要清除外部中断挂起寄存器EXT_INT41_PEND，在相应位写1清除中断标志。EINT9对应EXT_INT41_PEND [1]，EINT10对应EXT_INT41_PEND [2]，参见表6-9。

（3）CPU0中断挂起寄存器

要让CPU0继续接收中断源的中断请求，需要清除CPU0的中断源挂起标志，160个中断源对应5个寄存器ICDICPR0_CPU0、ICDICPR1_CPU0、ICDICPR2_CPU0、ICDICPR3_CPU0和ICDICPR4_CPU0。EINT9和EINT10分别对应ICDICPR1_CPU0 [25] 和ICDICPR1_CPU0 [26]，在相应位写1，清除中断标志。CPU0中断挂起寄存器ICDICPR见表6-17。

表6-17 CPU0中断挂起寄存器ICDICPR（基地址0x10490000，ICDICPR0_CPU0地址偏移0x0280，
ICDICPR1_CPU0地址偏移0x0284，ICDICPR2_CPU0地址偏移0x0288，
ICDICPR3_CPU0地址偏移0x028c，ICDICPR4_CPU0地址偏移0x0290）

名称	位	类型	描　述	复位值
清除挂起状态位	[31：0]	RW	对于每一位： 读： 　对应位返回0，表示相应的中断没有处于挂起状态，以等待某一处理器核处理 　对应位返回1，对于SGIs和PPIs，表示相应的中断处于挂起并等待本处理器核的处理，对于SPIs，表示相应的中断处于挂起状态，并至少在一个处理器核内等待处理 写： 对于SPIs和PPIs中断而言， 　对应位写入0，没有意义，被忽略 　对应位写入1，设置结果取决于相应的中断是边沿触发还是水平触发 边沿触发中断： 　改变对应的中断为不活跃或活跃状态 　若原先中断处于挂起状态，则改变为不活跃状态	

（续）

名称	位	类型	描　述	复位值
清除挂起状态位	[31：0]	RW	若原先中断为活跃且挂起状态，则改变为活跃状态 若中断没有挂起，则不作改变 水平触发中断： 当相应的中断是由于写 ICDISPR 而变为挂起状态，写对应的位将相应的中断变为不活跃或活跃状态 若原先中断处于挂起状态，则改变为不活跃状态 若原先中断为活跃且挂起状态，则改变为活跃状态 否则，若对应中断信号仍然处于有效状态，则保持该中断处于挂起状态 对于 SGIs 中断而言，写操作被忽略	0x0

（4）CPU0 中断结束状态寄存器

在处理器核完成对某一中断号的中断源处理，需要通过 ICCEOIR 寄存器清除处理器核中断状态位，结束处理器核对中断源的中断处理。四个处理器核对应 ICCEOIR_ CPU0、IC-CEOIR_ CPU1、ICCEOIR_ CPU2 和 ICCEOIR_ CPU3 四个寄存器。对于 SPI 中断，在 ICCEOIR 低 10 位写入正在处理器中断源的中断号，就可结束该处理器核的中断处理，从而可响应下一个中断。中断号（ID）识别寄存器 ICCEOIR 见表6-18。

表6-18　中断号（ID）识别寄存器 ICCEOIR（基地址 0x10480000，ICCEOIR_ CPU0 地址偏移 0x0010，ICCEOIR_ CPU1 地址偏移 0x4010，ICCEOIR_ CPU2 地址偏移 0x8010，ICCEOIR_ CPU3，地址偏移 0xC010）

名称	位	类型	描　述	复位值
RSVD	[31：13]	—	保留	—
CPUID	[12：10]	W	对于多核处理器而言，在完成一个 SGI 中断的处理时，本域的值为对应 ICCIAR 寄存器的 CPUID 域的值	—
EOIINTID	[9：0]	W	本域的值为对应 ICCIAR 寄存器的 ACKIN-TID 域的值	—

6.2.4　ARM 中断编程实例

利用 Exynos4412 的 K2、K3 这两个按键所对应 I/O 引脚的中断模式，当被按下时进入相应的中断处理函数处理相应的事件。

1. 电路原理图

电路原理如图 6-4 所示，K2、K3 分别与 GPX1_1、GPX1_2 相连，在没有按下按键时，GPX1_1、GPX1_2 引脚上一直处于高电平，当把这两个引脚设为中断模式并为下降沿中断，则按键被按下两引脚就会由高电平变为低电平，因此产生 GPIO 中断进入相应的中断函数，处理中断事件，点亮 LED2 和 LED3，并从终端上打印出相应的按键信息。其中 K2 对应的是 XEINT9 中断源，K3 对应的是 XEINT10 中断源。

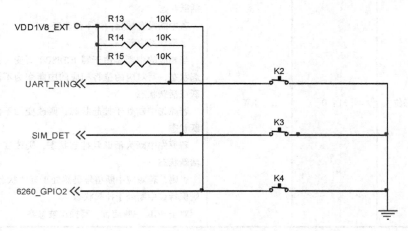

图 6-4　电路原理

2. 编程流程

1）设置 GPX1_ 2、GPX1_ 2 两个引脚没有内部上下拉属性，然后配置为中断模式。

2）设置中断触发方式。

3）GPIO 控制器中断使能。

4）在 GIC 中断控制器中使能中断。

5）设置中断优先级。

6）使能 GIC。

7）选择中断发送给 CPU0。

8）等待中断产生，然后进入中断处理器函数。

9）清除中断源的挂起状态。

注意：C12 寄存器用于设定向量表的基地址，在本例中这个地址是 0x40008000。

```
. text
. global _start
_start:
            b                   reset
            ldr                 pc,_undefined_instruction
            ldr                 pc,_software_interrupt
            ldr                 pc,_prefetch_abort
            ldr                 pc,_data_abort
            ldr                 pc,_not_used
            ldr                 pc,_irq
            ldr                 pc,_fiq
```

```
_undefined_instruction:    . word    _undefined_instruction
_software_interrupt:       . word    _software_interrupt
_prefetch_abort:           . word    _prefetch_abort
_data_abort:               . word    _data_abort
_not_used:                 . word    _not_used
_irq:                      . word    irq_handler
_fiq:                      . word    _fiq


reset:
        ldr     r0, =0x40008000
        /* 中断向量表的基地址设置 */
        mcr     p15,0,r0,c12,c0,0
```

(1) 写中断处理函数

```
/* * * * *   irq_handler   * * * */
irq_handler:
sub   lr,lr,#4
stmfd sp!, {r0 - r12,lr}
bl    do_irq
ldmfd sp!, {r0 - r12,pc}^
```

(2) 函数初始化

```
#include "exynos_4412. h"
/ ***************************************************************
*  @ brief                    Main program body
*  @ param[ in]               None
*  @ return                   int
 ***************************************************************/
int main( void)
{
     //LED2. GPX2_7 配置为输出
     GPX2. GPX2CON | = 0x1  << 28;
     //LED3. GPX1_0 配置为输出
     GPX1. GPX1CON | = 0x1;
     //Led4 GPF3_4   配置为输出
     GPF3. GPF3CON | = 0x1 << 16;
     //Key_2   Interrupt   GPX1_1
     GPX1. GPX1PUD = GPX1. GPX1PUD & ~(0x3 << 2);
     // 禁止上下拉电阻
     GPX1. GPX1CON = ( GPX1. GPX1CON & ~(0xF << 4)) | (0xF << 4);
```

```
//GPX1_1: WAKEUP_INT1[1](EXT_INT41[1])
EXT_INT41_CON = (EXT_INT41_CON & ~(0x7 << 4)) | 0x2 << 4;
// 下降沿触发
EXT_INT41_MASK = (EXT_INT41_MASK & ~(0x1 << 1));
// 写1使能相应 GPIO 中断


//Key_3    Interrupt    GPX1_2
GPX1. GPX1PUD = GPX1. GPX1PUD & ~(0x3 << 4);
//禁止上下拉电阻
GPX1. GPX1CON = (GPX1. GPX1CON & ~(0xF << 8)) | (0xF << 8);
//GPX1_2: WAKEUP_INT1[2](EXT_INT41[2])
EXT_INT41_CON = (EXT_INT41_CON & ~(0x7 << 8)) | 0x2 << 8;
// 下降沿触发
EXT_INT41_MASK = (EXT_INT41_MASK & ~(0x1 << 2));
//    写1使能相应 GPIO 中断
/*
 * GIC 中断控制器配置:
 * */
ICDISER. ICDISER1 | = (0x1 << 25) | (0x1 << 26);
// 使能外部中断 Key_2(SPI25), Key_3(SPI26)
CPU0. ICCICR | = 0x1;
//使能全局中断信号
CPU0. ICCPMR = 0xFF;
//配置 CPU0 优先级过滤寄存器,可响应所有中断
ICDDCR = 1;
//使能 GIC 全局中断寄存器
ICDIPTR. ICDIPTR14 = 0x01010101;
//中断信号 SPI25 SPI26 被送到 CPU0
printf(" \n *********GIC test ******** \n");
while (1) {
        GPF3. GPF3DAT | = 0x1 << 4;
        mydelay_ms(500);
        GPF3. GPF3DAT & = ~(0x1 << 4);
        mydelay_ms(500);
    }
    return 0;
}
```

(3) 中断函数

```
/ ***********************************************************
 * @ brief            IRQ Interrupt Service Routine program body
 * @ param[ in]       None
 * @ return           None
 ***********************************************************/
void do_irq( void )
{
        int irq_num;
        irq_num = ( CPU0. ICCIAR & 0x3FF);
        //读取中断号
        switch ( irq_num) {
        case 58:
                //点亮 LED2; 关闭 LED3
                GPX2. GPX2DAT = 0x1  << 7;
                GPX1. GPX1DAT & =  ~0x1;
                printf( "IRQ interrupt !! turn on LED2; turn off LED3 \n");
                //清除中断标志位
                EXT_INT41_PEND | = 0x1  << 2;
                ICDICPR. ICDICPR1 | = 0x1  << 26;
                break;
        case 57:
                //点亮 Led3; 关闭 Led2
                GPX2. GPX2DAT & =  ~(0x1 << 7);
                GPX1. GPX1DAT | = 0x1;
                printf( "IRQ interrupt !! Turn on LED3; Turn off LED2 \n");

                //清除中断标志位
                EXT_INT41_PEND | = 0x1  << 1;
                ICDICPR. ICDICPR1 | = 0x1 <<25;
                break;
        }
        //在低 10 位写入中断号,即可清除 CPU 级别的中断
        CPU0. ICCEOIR = ( CPU0. ICCEOIR &  ~(0x1FF)) | irq_num;

}
```

6.3 异步串行编程

异步串行通信接口简称串口,是嵌入式系统中最常用的部件,广泛应用于嵌入式系统的调试和多机通信。同时串口也是最常用的外部模块扩展接口,所以基本每个微处理器芯片内部都会有数量不等的串口。本节将介绍最基本的 Exynos4412 串口编程。

6.3.1　Exynos4412 串口简述

Exynos4412 的通用异步收发（UART）可支持 5 个独立的异步串行输入/输出接口（即通道），每个接口皆可支持中断模式及 DMA 模式，UART 可产生一个中断或者发出一个 DMA 请求，来传送 CPU 与 UART 之间的数据，UART 的比特率最大可达到 4Mbit/s。每一个 UART 通道包含两个 FIFO 用于数据的收发，其中通道 0 的 FIFO 大小为 256B，通道 1、4 的 FIFO 大小为 64B，通道 2、3 的 FIFO 大小为 16B。Exynos4412 串口模块具有以下特点：

1）5 组收发通道，同时支持中断模式及 DMA 操作。

2）通道 0 带 256B 的 FIFO，通道 1、4 带 64B 的 FIFO，通道 2、3 带 16B 的 FIFO。

3）通道 0、1、2 支持自动流控功能。

4）支持握手模式的发送/接收。

6.3.2　UART 通信寄存器详解

UART 通信编程通常需要设置以下内容：①设置引脚复用，即选择 UART 接收和发送对应的引脚用于 UART 通信；②UART 通信数据流格式设置，设置 UART 通信的数据帧格式，设置 UART 通信的波特率，即通信时每秒发送多少位数据；③设置 UART 部件的工作模式；④接收和发送串口数据。

1. 设置引脚复用

本例使用 Exynos4412 的 UART2 模块，UART2 模块的 TXD 引脚对应 GPA1_ 1，UART2 模块的 RXD 引脚对应 GPA1_ 0。因此需要设置 GPA1 的 CON 寄存器将这两个引脚配置为 UART2 模块 TXD 和 RXD。配置寄存器 GPA1CON 见表 6-19。

表 6-19　配置寄存器 GPA1CON（基地址 0x11400000，地址偏移 0x0020）

名称	位	类型	描　述	复位值
GPA1CON [1]	[7：4]	RW	0x0 = 输入 0x1 = 输出 0x2 = UART_ 2_ TXD 0x3 = 保留 0x4 = UART_ AUDIO_ TXD 0x5 to 0xE = 保留 0xF = EXT_ INT2 [1]	0x00
GPA1CON [0]	[3：0]	RW	0x0 = 输入 0x1 = 输出 0x2 = UART_ 2_ RXD 0x3 = 保留 0x4 = UART_ AUDIO_ RXD 0x5 to 0xE = 保留 0xF = EXT_ INT2 [0]	0x00

2. 设置 UART 通信的数据帧格式

UART 通信通信中，通信双方必须采用相同的 UART 数据帧格式和波特率才能进行正确通信。其中 UART 数据帧格式通过寄存器 ULCON 来设置，波特率通过分频寄存器 UBRDIVn 和 UFRACVALn 来设置。

（1）数据帧设置寄存器 ULCON

Exynos4412 的 5 个 UART 的数据帧设置，分别对应 5 个寄存器 ULCON0 ~ ULCON4，可以设置 UART 数据帧的奇偶校验位（ULCON 寄存器的位 [5：3]），可以设置 UART 数据帧的停止位（ULCON 寄存器的位 [2]），可以设置 UART 数据帧的通信数据位数（ULCON 寄存器的位 [1：0]）。

表 6-20 数据帧设置寄存器 ULCON（ULCON0 基地址 0x1380_0000 地址偏移 0x0000，ULCON1 基地址 0x1381_0000，地址偏移 0x0000，ULCON2 基地址 0x1382_0000，地址偏移 0x0000，ULCON3 基地址 0x1383_0000，地址偏移 0x0000，ULCON4 基地址 0x1384_0000，地址偏移 0x0000）

名称	位	类型	描　　述	复位值
RSVD	[31：7]	—	保留	0
红外模式	[6]	RW	决定是否开启红外模式 0 表示正常模式 1 表示红外 Tx/Rx 模式	0
校验位	[5：3]	RW	设置 UART 接受或发送时需要产生或检验的数据校验位 0xx = 无校验 100 = 奇校验 101 = 偶校验 110 = 校验位必须产生或检验为 1 111 = 校验位必须产生或检验为 0	0
停止位数	[2]	RW	决定 UART 每一帧数据所使用的停止位个数 0 = 每帧 UART 数据采用 1 个停止位 1 = 每帧 UART 数据采用 2 个停止位	
帧数据长度	[1：0]	RW	UART 接收或发送时，每帧数据所使用的数据位个数 00 = 5bits 01 = 6bits 10 = 7bits 11 = 8bits	0

（2）波特率设置分频寄存器 UBRDIVn 和 UFRACVALn（n = 0 ~ 4）

UART 通信的波特率设置通过两个分频寄存器 UBRDIVn 和 UFRACVALn 来实现，其中 UBRDIV 为波特率分频数的整数部分设置，UFRACVAL 为波特率分频数的小数部分设置。波特率分频数的计算公式为：

$$波特率分频数 = (UART 部件输入主频/(波特率 * 16)) - 1$$

根据计算的波特率分频数，可以获取 UBRDIV 和 UFRACVAL 的设置值：

$$波特率分频数 = UFRACVAL/16 + UBRDIV$$

例如，如果波特率为115200bit/s和UART部件输入主频为40MHz，则

$$波特率分频数 = (40000000/(115200 * 16)) - 1 = 21.7 - 1 = 20.7$$

则可计算 UBRDIV 和 UFRACVAL 的设置值：

$$UBRDIVn = 20(DIV\_VAL 的整数部分)$$

$$UFRACVALn/16 = 0.7$$

因此，UFRACVALn = 11

波特率分频整数寄存器 UBRDIV 如表 6-21 所示。

表 6-21   波特率分频整数寄存器 UBRDIV（UBRDIV0 基地址 0x1380_0000，地址偏移 0x0028，UBRDIV1 基地址 0x1381_0000，地址偏移 0x0028，UBRDIV2 基地址 0x1382_0000，地址偏移 0x0028，UBRDIV3 基地址 0x1383_0000，地址偏移 0x0028，UBRDIV4 基地址 0x1384_0000，地址偏移 0x0028）

名称	位	类型	描　　述	复位值
RSVD	[31：16]	—	保留	0
UBRDIVn	[15：0]	RW	波特率分频数	0x0000

波特率分频小数寄存器 UFRACVAL 如表 6-22 所示：

表 6-22   波特率分频小数寄存器 UFRACVAL（UFRACVAL0 基地址 0x1380_0000，地址偏移 0x002C，UFRACVAL1 基地址 0x1381_0000，地址偏移 0x002C，UFRACVAL2 基地址 0x1382_0000，地址偏移 0x002C，UFRACVAL3 基地址 0x1383_0000，地址偏移 0x002C，UFRACVAL4 基地址 0x1384_0000，地址偏移 0x002C）

名称	位	类型	描　　述	复位值
RSVD	[31：4]	—	保留	0
UFRACVALn	[3：0]	RW	波特率分频的小数位	0x0

3. 设置 UART 部件的工作模式

Exynos4412 的 UART 可采用 DMA 模式或者非 DMA 模式进行传输，本例采用非 DMA 模式，即中断请求或查询方式。接收的工作模式通过控制寄存器 ULCON 的位 [1：0] 设置，发送的工作模式通过控制寄存器 ULCON 的位 [3：2] 设置。

UART 行控制寄存器 ULCONn（n = 0 ~ 4），如表 6-23 所示：

表 6-23   波特率分频小数寄存器 ULCONn（ULCON0 基地址 0x1380_0000，地址偏移 0x0004，ULCON1 基地址 0x1381_0000，地址偏移 0x0004，ULCON2 基地址 0x1382_0000，地址偏移 0x0004，ULCON3 基地址 0x1383_0000，地址偏移 0x0004，ULCON4 基地址 0x1384_0000，地址偏移 0x0004）

名称	位	类型	描　　述	复位值
发送模式	[3：2]	RW	决定采用哪种方法可用于写 Tx 数据到 UART 发送缓冲区 00 = 禁止 01 = 中断请求或轮询模式 10 = DMA 模式 11 = 保留	0

（续）

名称	位	类型	描　述	复位值
接收模式	[1：0]	RW	决定采用哪种方法可用于读数据从 UART 接收缓冲区 00 = 禁止 01 = 中断请求或轮询模式 10 = DMA 模式 11 = 保留	0

4. 接收和发送 UART 数据

在程序中，通过读接收寄存器 URXHn 来获取 UART 收到的数据，在这之前需要判断状态寄存器 UTRSTATn 的位 [0]，以确认是否收到数据；通过写发送寄存器 UTXHn 来发送 UART 数据，在这之前需要判断状态寄存器 UTRSTATn 的位 [1]，以确认发送缓冲区是否允许发送数据。

（1）接收寄存器 URXHn（n = 0 ~ 4）（见表 6-24）

表 6-24　接收寄存器 URXHn（URXH0 基地址 0x1380_0000，地址偏移 0x0024，
URXH1 基地址 0x1381_0000，地址偏移 0x0024，URXH2 基地址 0x1382_0000，
地址偏移 0x0024，URXH3 基地址 0x1383_0000，地址偏移 0x0024，
URXH4 基地址 0x1384_0000，地址偏移 0x0024）

名称	位	类型	描　述	复位值
RSVD	[31：8]	—	保留	0
URXHn	[7：0]	R	UARTn 收到的数据	0x00

（2）发送寄存器 UTXHn（n = 0 ~ 4）（见表 6-25）

表 6-25　波特率分频小数寄存器 UTXHn（UTXH0 基地址 0x1380_0000，地址偏移 0x0020，
UTXH1 基地址 0x1381_0000，地址偏移 0x0020，UTXH2 基地址 0x1382_0000，
地址偏移 0x0020，UTXH3 基地址 0x1383_0000，地址偏移 0x0020，
UTXH4 基地址 0x1384_0000，地址偏移 0x0020）

名称	位	类型	描　述	复位值
RSVD	[31：8]	—	保留	—
UTXHn	[7：0]	RWX	UARTn 发送的数据	—

（3）状态寄存器 UTRSTATn（n = 0 ~ 4）（见表 6-26）

表 6-26　波特率分频小数寄存器 UTRSTATn（UTRSTAT0 基地址 0x1380_0000，地址偏移 0x0010，
UTRSTAT1 基地址 0x1381_0000，地址偏移 0x0010，UTRSTAT2 基地址 0x1382_0000，
地址偏移 0x0010，UTRSTAT3 基地址 0x1383_0000，地址偏移 0x0010，
UTRSTAT4 基地址 0x1384_0000，地址偏移 0x0010）

名称	位	类型	描　　述	复位值
发送缓冲区空标志位	[1]	R	当发送缓冲区为空时，该位自动被设置为 1 0 = 缓冲区为非空 1 = 缓冲区为空（在非 FIFO 模式，将触发中断或 DMA）；在 FIFO 模式，当 Tx FIFO 的触发电平设置为 0 时（空状态），将触发中断或 DMA 当 UART 使用 FIFO 时，不使用该位来判断发送缓冲区是否为空，而通过检测 UFSTAT 中 Tx FIFO 计数位和 Tx FIFO 的满标志位来判断发送缓冲区是否为空	1
接收缓冲区就绪状态位	[0]	R	当接收缓冲区从 RXDn 端口收到有效数据时，自动将该位设置为 1 0 = 缓冲区为空 1 = 缓冲区收到一个数据 （在非 FIFO 模式，将触发中断或 DMA） 当 UART 使用 FIFO 时，不使用该位来判断接收缓冲区是否为空，而通过检测 UFSTAT 中 Rx FIFO 计数位和 Rx FIFO 的满标志位来判断接收缓冲区是否为空	0

6.3.3　UART 通信编程实例

利用 Exynos4412 的复用引脚 XuRXD2、XuTXD2 收发串口上的数据，实现在串口调试助手上显示数据。

1. 电路原理

电路原理如图 6-5 所示，COM1 分别与 SP3232 的 11、12 引脚相连，通过 SP3232 的 BUF_XuTXD2/UART_AUDIO_TXD BUF_XuRXD2/UART_AUDIO_RXD 引脚实现 TTL 3.3V 电平转换，3.3V 电平转变为 1.8V 电平和 CPU 通信。SP3232 起到变压器的作用。

PC 一端和 Exynos4412 要设置相同的串口配置，如：波特率 115200bit/s，停止位为 1，数据位宽 8 位，无奇偶校验。在 Exynos4412 上编程实现串口配置后，向 PC 主机发送一串字符，PC 主机使用串口终端软件显示接收到的字符。

2. 寄存器设置

为了实现在串口调试助手上显示数据，需要通过 GPA1CON 寄存器将 GPA1_0、GPA1_1 配置为 UART2 属性，并设置 UART2 串口的属性波特率、停止位、校验位等。在 UART2 初始化之后，就可以用 UART2 的接收和发送寄存器进行 UART 数据通信。

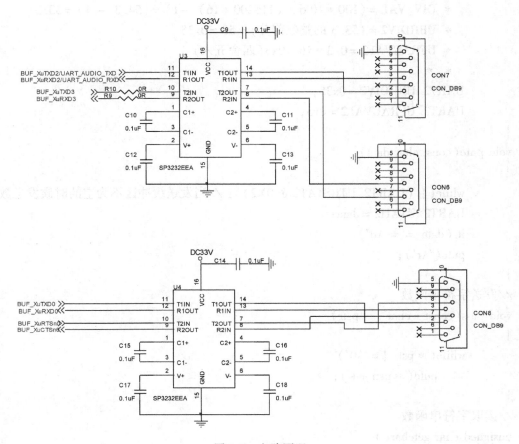

图 6-5　电路原理

3. 程序编写

```
#include "exynos_4412. h"
/ ********************串口初始化********************************
****************************************************************/
void uart_init( void)
{
        / * UART2 串口初始化 */
        GPA1. GPA1CON = ( GPA1. GPA1CON &  ~0xFF ) | (0x22);
        //配置 GPA1_0:RX;GPA1_1:TX
        UART2. ULCON2 = 0x3;
        //正常模式, 无奇偶校验,1 个停止位,8 个数据位
        UART2. UCON2 = 0x5;
        //中断请求或轮询模式方式读取数据
        / *
        * 设置波特率为 115200;时钟为 100Mhz
```

```c
        * DIV_VAL = (100 * 10^6 / (115200 * 16) - 1) = (54.3 - 1) = 53.3
        * UBRDIV2 = (53.3 的整数部分) = 53 = 0x35
        * UFRACVAL2 = 0.3 * 16 = 0x5(四舍五入)
        * */
        UART2. UBRDIV2 = 0x35;
        UART2. UFRACVAL2 = 0x5;
}
void putc(const char data)
{
        while(! (UART2. UTRSTAT2 & 0X2)); //当发送缓冲区不为空的时候发送数据
        UART2. UTXH2 = data;
        if (data == '\n')
        putc('\r');
}
//发送字符串函数
void puts(const  char  * pstr)
{
        while( * pstr ! = '\0')
            putc( * pstr ++ );
}
//读取字符串函数
unsigned char getchar( )
{
        unsigned char c;
        while(! (UART2. UTRSTAT2 & 0X1));
        c = UART2. URXH2;
        return c;
}
int main( void) {
        char c, str[ ] = " uart test!! \n";
        // GPX2_7 设置为输出
        GPX2. GPX2CON = 0x1 << 28;
        uart_init( );//串口初始化函数
        while(1)
            {
                    //打开 LED
                    GPX2. GPX2DAT = GPX2. GPX2DAT | 0x1 << 7;
                    puts(str); //打印出字符串函数
                    mydelay_ms(500);
```

```
                        //关闭 LED
                        GPX2. GPX2DAT = GPX2. GPX2DAT &  ~(0x1  << 7);
                        mydelay_ms(500);
                }
        return 0;
}
```

在串口终端上可以看到打印出的信息，程序运行结果如图 6-6 所示。

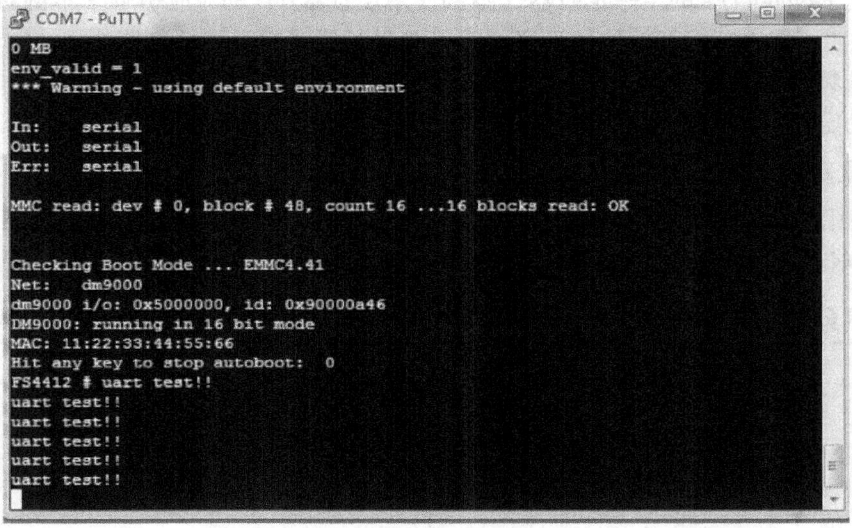

图 6-6　程序运行结果

6.4　PWM 定时器编程

在 Exynos4412 中，一共有 5 个 32 位的定时器，这些定时器可发送中断信号给 ARM 处理器内核。另外，定时器 0、1、2、3 包含了脉冲宽度调制（PWM），并可驱动其对应的 I/O 引脚。PWM 对定时器 0 有可选的 dead - zone 功能，以支持大电流设备。要注意的是定时器 4 是内置的，不接外部引脚。

定时器 0 与定时器 1 共用一个 8 位预分频器，定时器 2、定时器 3 与定时器 4 共用另一个 8 位预分频器，每个定时器都有一个时钟分频器，时钟分频器有 5 种分频输出（1/2、1/4、1/8、1/16 和外部时钟 TCLK）。另外，定时器可选择时钟源，定时器 0 ~ 4 都可选择外部的时钟源，如 PWM_ TCLK。

当时钟被使能后，定时器计数缓冲寄存器（TCNTBn）把计数初值下载到递减计数器中。定时器比较缓冲寄存器（TCMPBn）把其初始值下载到比较寄存器中，并将该值和递减计数器的值进行比较。这种基于 TCNTBn 和 TCMPBn 的双缓冲特性使定时器在频率和占空比变化时能产生稳定的输出。

每个定时器都有一个专用的由定时器时钟驱动的 32 位递减计数器。当递减计数器的计数值达到 0 时，就会产生定时器中断请求来通知 CPU 定时器操作完成。当定时器递减计数器达到 0 的时候，相应的 TCNTBn 的值会自动重载到递减计数器中以继续下次操作。然而，如果定时器停止了，比如在定时器运行时清除 TCON 中的定时器使能位，TCNTBn 的值不会被重载到递减计数器中。

TCMPBn 的值用于 PWM。当定时器的递减计数器的值和比较寄存器的值相匹配的时候，定时器控制逻辑将改变输出电平。因此，比较寄存器决定了 PWM 输出的开关时间。

6.4.1　PWM 定时器的寄存器

为了让 Exynos4412 的某一定时器（本例使用定时器 0）的对应引脚（本例对应 TOUT0）输出 PWM 波，需进行以下功能的设置：①设置定时器对应引脚的复用选择；②设置定时器的输入工作频率的分频；③设置定时器的计数初值和比较值寄存器；④设置定时的工作模式，并启动定时器。

1. 设置定时器对应引脚的复用选择

本例使用的是定时器 0 的 TOUT0，其对应处理器引脚是 GPD0_0 引脚，因此需要通过设置 GPD0 的 CON 寄存器来将 GPD0_0 引脚设置为 TOUT0 功能。GPD0 的 CON 寄存器，见表 6-27。

表 6-27　GPD0 的 CON 寄存器 GPD0CON（基地址 0x11400000，地址偏移 0x00A0）

名称	位	类型	描　　述	复位值
GPD0CON [0]	[3：0]	RW	0x0 = Input 0x1 = Output 0x2 = TOUT_ 0 0x3 = LCD_ FRM 0x4 to 0xE = Reserved 0xF = EXT_ INT6 [0]	0x00

2. 设置定时器的输入工作频率的分频

定时器输入时钟频率 = PCLK/ ｛prescaler value +1｝ / ｛divider value｝。

｛prescaler value｝ = 1 ~ 255；

｛divider value｝ = 1、2、4、8、16, TCLK；

其中 prescaler value 为预分频数，由定时器配置寄存器 TFCG0 来设置，定时器 0 的预分频数对应 TFCG0 的位 [7：0]；divider value 为分频数。

（1）定时器配置寄存器 TFCG0（见表 6-28）

表 6-28　定时器配置寄存器 TFCG0（基地址 0x139D0000，地址偏移 0x0000）

名称	位	类型	描　　述	复位值
RSVD	[31：24]	—	保留位	0x00
Dead zone length	[23：16]	RW	死区长度	0x00
Prescaler 1	[15：8]	RW	Prescaler 1 value for Timer 2, 3, and 4	0x01
Prescaler 0	[7：0]	RW	Prescaler 0 value for timer 0 and 1	0x01

（2）定时器配置寄存器 TFCG1（见表 6-29）

表 6-29　定时器配置寄存器 TFCG1（基地址 0x139D0000，地址偏移 0x0004）

名称	位	类型	描　述	复位值
Divider MUX0	[3：0]	RW	PWM 定位器 0 复用输入选择 0000 = 1/1 0001 = 1/2 0010 = 1/4 0011 = 1/8 0100 = 1/16	0x0

3. 设置定时器的计数初值和比较值寄存器

定时器的计数初值由计数缓冲寄存器 TCNTB 来设置，本例使用定时器 0，对应 TC-NTB0。定时器启动后，计数缓冲寄存器被加载到定时器的计数器，然后计数器按照定时器输入时钟频率依次递减，从计数初值递减到 0 的间隔作为定时器的一个定时周期。PWM 波形输出占空比是由定时器比较缓冲寄存器 TCMPBn 决定的，本例使用定时器 0，对应 TC-MPB0。每当计数器的值减到 TCMPB 寄存器中存的值的时候，定时器对应输出引脚（本例为 TOUT0）电平翻转。

（1）计数缓冲寄存器 TCNTB0（见表 6-30）

表 6-30　定时器 0 计数缓冲寄存器 TCNTB0（基地址 0x139D0000，地址偏移 0x000C）

名称	位	类型	描　述	复位值
定时器 0 计数缓冲	[31：0]	RW	定时器 0 计数缓冲寄存器	0x0000_0000

（2）比较缓冲寄存器 TCMPB0（见表 6-31）

表 6-31　定时器 0 比较缓冲寄存器 TCMPB0（基地址 0x139D0000，地址偏移 0x0010）

名称	位	类型	描　述	复位值
定时器 0 比较缓冲	[31：0]	RW	定时器 0 比较缓冲寄存器	0x0000_0000

4. 设置定时器的工作模式，并启动定时器

定时器 0 的工作模式和启动等由定时器控制寄存器 TCON 来设置。控制寄存器 TCON 见表 6-32。

表 6-32　控制寄存器 TCON（基地址 0x139D0000，地址偏移 0x0008）

名称	位	类型	描　述	复位值
定时器 0 自动 重载开/关	[3]	RW	0 = 一次模式 1 = 自动重载模式	0x0
定时器 0 输出 翻转开/关	[2]	RW	0 = 翻转关闭 1 = 翻转开	0x0
定时器 0 手动更新	[1]	RW	0 = 无操作 1 = 更新 TCNTB0 和 TCMPB0	0x0
定时器 0 启动/停止	[0]	RW	0 = 停止定时器 0 1 = 启动定时器 0	0x0

6.4.2 定时器的 PWM 输出工作流程

当定时器设置 PWM 输出时，假设定时器的分频系数已经配置完成，一个简单的示例步骤如下（TOUTn 代表定时器 n 对应的电平输出引脚），如图 6-7 所示。

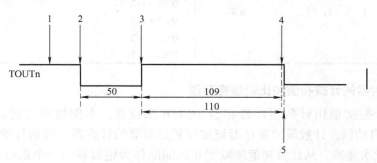

图 6-7 定时器 PWM 输出示例

1）初始化定时器 n 对应的计数缓冲寄存器 TCNTBn 为 159，定时器 n 对应的计数比较缓冲寄存器 TCMPBn 为 109。

2）启动定时器 n：设置定时器 n 的启动位为 1，并设置手动更新位为 0。

3）这时，计数缓冲寄存器 TCNTBn 的值 159 被加载到定时器的递减器，并开始递减计数，定时器 n 对应的电平输出引脚 TOUTn 输出低电平。

4）当递减器的计数值递减到 109（比较缓冲寄存器 TCMPBn 的值）时，定时器 n 对应的电平输出引脚 TOUTn 从低电平翻转到高电平。

5）当递减器的计数值递减到 0 时，计数缓冲寄存器 TCNTBn 的值 159 重新被加载到定时器的递减器，定时器 n 对应的电平输出引脚 TOUTn 重新输出低电平，这样流程重复进行，引脚 TOUTn 就输出占空比可控的 PWM 波。

注意：修改计数缓冲寄存器 TCNTBn 或比较缓冲寄存器 TCMPBn 的值，只能在下一个 PWM 周期起作用，不影响当前周期 PWM 的占空比。

6.4.3 PWM 的编程实例

利用 PWM 定时器实现蜂鸣器控制。

1. 电路原理

蜂鸣器控制电路如图 6-8 所示，定时器 0 的输出引脚 TOUT0（对应 GPD0_ 0 引脚）和蜂鸣器的晶体管相连，此电路的晶体管是 PNP 型。当 TOUT0 是高电平时，此晶体管处于饱和状态，电路导通，电流流过蜂鸣器，此时蜂鸣器发声；反之，当 TOUT0 是低电平时，此晶体管处于截止状态，电路关断，此时蜂鸣器停止发声。蜂鸣器发声的长短和频率完全由 TOUT0 控制。

2. 编程流程

1）将 PWMTOUT0 对应的引脚配置成 PWM 输出模式。

2）配置分频值，设置计数缓冲器和比较缓冲器的值。

3）启动对应的定时器，产生 PWM 波。

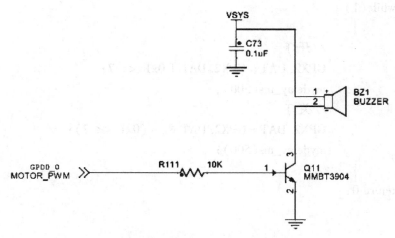

图 6-8 蜂鸣器控制电路

4) 不断地改变占空比和 PWM 波的频率可以让蜂鸣器发出不同的声音。

代码如下：

```
#include "exynos_4412. h"
void PWM_init(void)
{
    GPD0. CON = (GPD0. CON & ~(0xF)) | 0x2;
    // GPD0_0：设置为定时器0输出 TOUT_0
    PWM. TCFG0 = (PWM. TCFG0 & ~(0xFF)) |0x63;
    //定时器0的预分频值为99
    PWM. TCFG1 = (PWM. TCFG1 & ~(0xF)) | 0x3;
    //定时器0的分频器的分频值为1/8

    PWM. TCNTB0 = 200;    //  定时器0计数缓冲寄存器中装入200
    PWM. TCMPB0 = 100;    //  定时器0比较缓冲寄存器装入100

    /* 自动重载，关闭输出翻转，手动更新,停止 timer0 */
    PWM. TCON = (PWM. TCON & ~(0XF)) | 0XA;
    /* 自动重载，关闭输出翻转，关闭手动更新，启动 Timer0 */
    PWM. TCON = (PWM. TCON & ~(0xF)) | 0X9;
}

/* ----------------------MAIN FUNCTION----------------------*/
int main(void) {

    GPX2. CON = 0x1  << 28;
    PWM_init();//PWM 初始化
```

```
        while(1)
            {
                //开灯
                GPX2. DAT = GPX2. DAT | 0x1 << 7;
                mydelay_ms(500);
                //关灯
                GPX2. DAT = GPX2. DAT & ~(0x1 << 7);
                mydelay_ms(500);
            }
        return 0;
}
```

6.5　MMU 编程

内存管理单元（Memory Management Unit，MMU）负责的是虚拟地址与物理地址的转换，提供硬件机制的内存访问授权。现在的多用户多进程操作系统需要 MMU，才能达到每个用户进程都拥有独立的地址空间的目标。使用 MMU，OS 会划分出一段地址区域，在这块地址区域中，每个进程看到的内容都不一定一样。例如 Windows 操作系统，地址 4M – 2G 处划分为用户地址空间。进程 A 在地址 0X400000 映射了可执行文件，进程 B 同样在地址 0X400000 映射了可执行文件。如果 A 进程读地址 0X400000，读到的是 A 的可执行文件映射到 RAM 的内容，而进程 B 读取地址 0X400000 时读到的则是 B 的可执行文件映射到 RAM 的内容。

6.5.1　MMU 的作用

采用 MMU 可以选择性地将物理存储地址空间映射到逻辑地址空间。

当 ARM 处理器响应异常事件时，程序指针将要跳转到一个确定的位置。假设发生了 IRQ 中断，PC 将指向 0x18（如果为高端启动，则相应指向 0xffff_ 0018 处），而此时 0x18 处仍为非易失性存储器所占据的位置，则程序还是有一部分要在 FLASH 或者 ROM 中来执行。那么可不可以使程序完全都在 SDRAM 中运行？答案是肯定的。这就需要引入 MMU，利用 MMU，可把 SDRAM 的地址完全映射到 0x0 起始的一片连续地址空间，而把原来占据这片空间的 FLASH 或者 ROM 映射到其他不相冲突的存储空间位置。例如，FLASH 的地址范围是 0x0000_ 0000 ~ 0x00ff_ ffff，而 SDRAM 的地址范围是 0x3000_ 0000 ~ 0x31ff_ ffff，则可把 SDRAM 地址映射为 0x00000000 ~ 0x1fffffff 而 FLASH 的地址可以映射到 0x90000000 ~ 0x90ffffff（此处地址空间为空闲，未被占用）。映射完成后，如果处理器发生异常，假设依然为 IRQ 中断，PC 指针指向 0x18 处的地址，而这个时候 PC 实际上是从位于物理地址的 0x3000_ 0018 处读取指令。通过 MMU 的映射，可实现程序完全运行在 SDRAM 之中。

使用 MMU，可以实现以下功能：

● 使用 DRAM 作为大容量存储器时，如果 DRAM 的物理地址不连续，将给程序的编写调试造成极大不便，而适当配置 MMU 可将其转换成虚拟地址连续的空间。

● ARM 内核的中断向量表要求放在 0 地址，对于 ROM 在 0 地址的情况，无法调试中断服务程序，所以在调试阶段有必要将可读写的存储器空间映射到 0 地址。

● 系统的某些地址段是不允许被访问的，否则会产生不可预料的后果，为了避免这类错误，可以通过 MMU 匹配表的设置将这些地址段设为用户不可存取类型。

6.5.2　MMU 的工作流程

MMU 使用分页（paging）来对虚拟内存进行管理。虚拟地址空间划分成以页（page）为单位的虚拟内存块，并可将每一页的虚拟内存块映射到具体的物理地址空间。

页表（page table）是存储在内存中的一张表，表中记录了将虚拟地址转换成物理地址的地址范围和访问权限等信息。MMU 正是通过对页表进行查询，实现了虚拟地址和物理地址之间的转换。MMU 每次工作的时候都要去查这张表，从中找出与虚拟地址相对应的物理地址，然后再进行数据存取。查找整个转换表的过程叫转换表遍历，它由硬件自动进行，并需要大量的执行时间。为了减少存储器访问的平均消耗，转换表遍历结果被高速缓存在一个或多个叫作 Translation Lookaside Buffer（TLB）的结构中。当 ARM 要访问存储器时，MMU 先查找 TLB 中的虚拟地址表，如果 TLB 中没有虚拟地址的入口，则在转换表遍历硬件主存储器中的转换表中获取转换和访问权限，一旦取到，这些信息将被放在 TLB 中，它会放在一个没有使用的入口处或覆盖一个已有的入口。

页表是由页表项组成的，每一个页表项都能够将一段虚拟地址空间映射到一段物理地址空间中。一个页对应了页表中的一项，页的大小通常是可选的。在 ARM 中，一个页可以被配置成 1KB、4KB、64KB 或 1MB 大小，分别叫做微页、小页、大页和段页。

对于 1KB、4KB 和 64KB 大小的页，MMU 采用二级查表的方法，即首先由虚拟地址索引出第一张表的某一段内容，然后再根据这段内容搜索第二张表，最后才能确定物理地址。这里的第一张表，称为一级页表，第二张表称为二级页表。

本例采用一级查表来控制虚拟内存映射，进行部件的控制。

一级查表只支持大小为 1MB 的页。1MB 大小的页，通常被称为段（section）。如图 6-9 描述了段页表的内存分布情况和段页表项的具体格式。

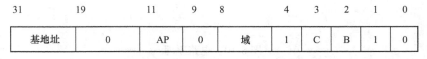

31	19		11	9	8		4	3	2	1	0
基地址	0		AP	0	域		1	C	B	1	0

图 6-9　段页表的内存分布情况和段页表项的具体格式

1）位［31：20］是物理地址的基地址，一共 12 位，对应物理地址的高 12 位。段页表项位［19：0］描述这 1MB 内存的访问属性。因此对于 4GB 的内存空间，段页表最多支持 1024 个页，最多占用系统 4KB 的内存来存放页表。

2）位［11：10］是 AP 位，区分了用户模式和特权模式对一个页的访问权限。当 AP 位为 "11" 时，表示任何模式下都可以对该空间进行读写；"10" 则表示特权模式可读写该页，而用户模式只能读取该页。本例使用权限 "11"。

3）位［3］和位［2］位分别代表 cache 和 write buffer。相应的位为 1，则表示被映射的 1MB 物理区域将使用 cache 或 write buffer 来访问。

4）位 [1：0] 用来区分页表类型，对于段页表，位 [1：0] 为" 10"。

6.5.3　MMU 编程实例

之前的 GPIO 编程实例实现了点亮 LED 的操作，当时 MMU 没有打开，操作的是寄存器的物理地址。本例打开 MMU，使用一级页表映射，然后设定一段虚拟地址空间，并编程将这段虚拟地址空间映射到 GPIO 控制器寄存器的物理地址空间。最后通过操作这段虚拟地址控制 LED 的亮灭。

1. 电路原理

电路原理如图 6-10 所示，LED2 ~ LED5 分别与 GPX2_7、GPX1_0、GPF3_4、GPF3_5 相连，通过 GPX2_7、GPX1_0、GPF3_4、GPF3_5 引脚的高低电平来控制晶体管的导通性，从而控制 LED 的亮灭。

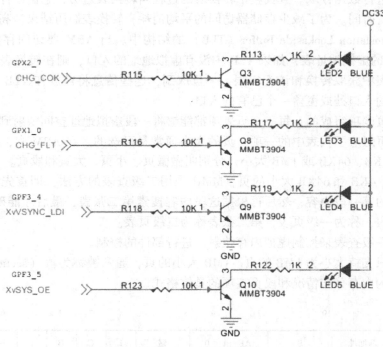

图 6-10　电路原理

根据晶体管的特性，当这几个引脚输出高电平时，集电极和发射极导通，发光二极管点亮；反之，发光二极管熄灭。通过控制 GPX1CON、GPX2CON、GPF3CON 和 GPX1DAT 来控制对应的 LED。具体相关寄存器请参考 6.1 节。

2. 编程流程

编写一个程序，控制 LED3 循环闪速。根据原理图，需要控制 GPX1_ 0 管脚输出高低电平。

（1）编写 MMU 控制函数

在 start. s 初始化汇编文件中实现几个函数：

mmu_ disable：关闭 mmu 功能；

mmu_ enable：使能 mmu 功能；

mmu_ set：设置 MMU 一级页表的地址 0x41000000（通过 CP15 的 C2 寄存器）、设置属性、开启 MMU。

mmu_disable：

```
        /* 读取 CP15 的 C1 控制寄存器到 R0 中 */
        mrc       p15,0,r0,c1,c0,0
        /* C1 寄存器的 M(bit[0])标志设置为 0,表示禁止 MMU */
        bic       r0,r0,#1
        /* 修改后的 R0 写回 CP15 的 C1 寄存器,禁止 MMU */
        mcr       p15,0,r0,c1,c0,0
        /* 子函数返回 */
        mov       pc,lr
```

mmu_enable：

```
        /* 读取 CP15 的 C1 控制寄存器到 R0 中 */
        mrc       p15,0,r0,c1,c0,0
        /* C1 寄存器的 M(bit[0])标志设置为 1,表示允许 MMU */
        orr       r0,r0,#1
        /* 修改后的 R0 写回 CP15 的 C1 寄存器,允许 MMU */
        mcr       p15,0,r0,c1,c0,0
        /* 子函数返回 */
        mov       pc,lr
.global mmu_set
mmu_set：
        /* MMU 一级页表地址存入 R0 */
        ldr     r0, =0x41000000
        /* R0 写入 CP15 的页表的基地址寄存器 C2 设置 */
        mcr       p15,0,r0,c2,c0,0
        /* 设置区域的控制权限 */
        ldr     r5,  =0xffffffff
        /* R5 写入 CP15 区域的控制权限寄存器 C3 */
        mcr       p15, 0, r5, c3, c0, 0
        /* 读取 CP15 的 C1 控制寄存器到 R0 中 */
        mrc       p15,0,r0,c1,c0,0
        /* C1 寄存器的 M(bit[0])标志设置为 1,表示允许 MMU */
        orr       r0,r0,#1
        /* 修改后的 R0 写回 CP15 的 C1 寄存器,允许 MMU */
        mcr       p15,0,r0,c1,c0,0
        /* 子函数返回 */
        mov       pc,lr
```

（2）编写一个 MMU 虚拟地址一级映射函数

vaddrstart：虚拟地址的开始地址；

vaddrend：虚拟地址的结束地址；

paddrstart：物理地址的开始地址；

attr：一级页表的属性部分，参见上文一级页表的说明。

```
/*
 * unsigned int vaddrstart 是要转换的虚拟起始地址
 * unsigned int vaddrend   是要转换的虚拟地址的结束地址
 * vaddrstart >> 20 把vaddrstart 转换成 section 地址
 */
void mmu_setmtt(unsigned int vaddrstart, unsigned int vaddrend, unsigned int paddrstart, int attr)
{
        unsigned int * ptt;
        int i, nsection, tt;
        ptt = (unsigned int * )0x41000000 + (vaddrstart >> 20);
        nsection = (vaddrend >> 20) - (vaddrstart >> 20);
        for(i = 0; i < nsection; i ++)
         * ptt ++ = attr | (((paddrstart >> 20) + i) << 20);
}
```

（3）定义虚拟地址

在头文件 exynos_ 4412. h 中定义物理地址和虚拟地址结构体。

```
/* GPX1 */
typedef struct {
                        unsigned int CON;
                        unsigned int DAT;
                        unsigned int PUD;
                        unsigned int DRV;
} gpx1;
#define GPX1 ( * (volatile gpx1 * )0x11000C20 )
/* VGPX1 */
#define VGPX1 ( * (volatile gpx1 * )0x91000C20 )
```

（4）编写主函数

编写主函数实现将虚拟地址：0x91000000 ~ 0x92000000，映射到物理地址：
0x11000000 ~ 0x12000000。然后操作虚拟地址来控制 LED 闪烁。

```
int main()
{
     volatile int count;
```

```
uart_init();

mmu_setmtt(0x0,0xff000000,0x0,0xc12);   //全局的1:1的映射
mmu_setmtt(0x91000000,0x92000000,0x11000000,0xc12);

mmu_set();//注意,调用这个函数时要保证ARM处于特权模式
VGPX1.CON = (VGPX1.CON & ~(0xf)) | 1;//GPX1_0:output, LED3
while(1){
    //点亮 LED3
    VGPX1.DAT |= 0x1;
    mydelay_ms(500);
    //关闭 LED3
    VGPX1.DAT & =~0x1;
    mydelay_ms(500);
}
}
```

本 章 小 结

本章介绍了处理器的 GPIO、中断控制器、异步通信、定时器、MMU 的编程方法和实例。这些最基本部件,一般每个 ARM 处理器都会配备。对于不同 ARM 处理器的相同类型的部件,其编程的方法和流程基本相同,差别通常只是寄存器名字和物理地址不同而已。不同的 ARM 处理器,根据芯片的应用领域,通常还会配备诸如 A-D、D-A 转换器和以太网等各种芯片内部部件,其编程思路及方法和本章的实例基本相同。在明确了部件的具体功能和需要实现的目标之后,在编程上只需按照一定流程读写相应寄存器和进行相关中断的处理。

思 考 题

1. 编写一个按键中断的程序,并设置上升沿、下降沿、高电平、低电平等触发方式。
2. 编写一个串口程序,采用中断的方式实现向 PC 的串口终端打印一个字符串 “hello” 的功能。
3. 编程实现输出占空比为 2:1、波形周期为 9ms 的 PWM 波形。
4. 设计一个 MMU 内存映射程序,并通过虚拟地址来控制部件的功能。

第 7 章　Linux 程序开发

Linux 具有源码开放和免费使用的特点。本章主要介绍 Linux 应用程序中常用的文件操作、线程创建及同步、进程间通信等基本编程方法，以及 Linux 驱动程序开发的基本思想和案例。

7.1　开发工具 GNU 概述

开发工具 GNU 包括 C 编译器 GCC、C++ 编译器 G++、汇编器 AS、链接器 LD、二进制转换工具（OBJCOPY，OBJDUMP）、调试工具（GDB，GDBSERVER，KGDB）和基于不同硬件平台的开发库。用户可以使用流行的 C/C++ 语言开发应用程序，满足生成高效率运行代码、使用易掌握的编程语言的需求。

这些工具都是按 GPL 版权声明发布的，任何人均可以从网上获取全部的源代码，无需任何费用。关于 GNU 和公共许可证协议的详细资料，读者可以参看 GNU 网站（http://www.gnu.org/home.html）的介绍。

7.1.1　GCC 编译器

GCC 是 GNU 组织的免费 C 编译器，Linux 的很多发布默认安装的就是这种。很多流行的自由软件源代码基本都能在 GCC 编译器下编译运行。所以掌握 GCC 编译器的使用无论是对于编译系统内核还是自己的应用程序都大有益处。GCC 的不断发展完善使许多商业编译器都相形见绌，GCC 由 GNU 创始人 Richard Stallman 首创，是 GNU 的标志产品，由于 UNIX 平台的高度可移植性，GCC 几乎在各种常见的 UNIX 平台上都有，即使是 Win32/DOS 也有 GCC 的移植。比如说 SUN 的 Solaris 操作系统配置的编译器就是 GNU 的 GCC。下面通过一个简单的源程序（hello.c）学习如何使用 GCC 编译器。

```
/ **********************************************************
* File Name:hello. c
* Description:introduce how to compile a source file with gcc
**********************************************************/
    void main( )
    {
        printf( "Hello world\n" );
    }
```

要编译这个程序，只要在 Linux 的 bash 提示符下输入命令

```
$ gcc  - o hello hello. c
```

　　GCC 编译器就会生成一个文件名为 hello 的可执行文件。在 hello. c 的当前目录下执行 ./hello 就可以看到程序的输出结果，在屏幕上打印出"Hello world"的字符串来。

　　命令行中，gcc 表示用 gcc 来编译源程序。– o outputfilename 选项表示要求编译器生成文件名为 outputfilename 的可执行文件，如果不指定 – o 选项，则默认文件名是 a. out。在这里生成文件名为 hello 的可执行文件，而 hello. c 是源程序文件。

　　gcc 是一个多目标的工具，最基本的用法是

gcc［options］file

　　其中的 options 是以"–"开始的各种选项，file 是相关的文件名。在使用 gcc 的时候，必须给出必要的选项和文件名。gcc 的整个编译过程，实质上是分 4 步进行的，每一步完成一个特定的工作，这 4 步分别是：预处理、编译、汇编和链接。具体完成哪一步，是由 gcc 后面的开关选项和文件类型决定的。

　　清楚地区别编译和链接是很重要的。编译器使用源文件编译产生某种形式的目标文件（object files）。在这个过程中，外部的符号引用并没有被解释或替换。然后使用链接器来链接这些目标文件和一些标准的头文件，最后生成一个可执行文件。在这个过程中，一个目标文件中对别的文件中的符号的引用被解释，并报告不能被解释的引用，一般以错误信息的形式报告出来。

　　gcc 编译器有许多选项，但对于普通用户来说只要知道其中常用的几个就够了。在这里列出几个最常用的选项：

　　– o：要求编译器生成指定文件名的可执行文件。

　　– c：只要求编译器进行编译，而不要进行链接，生成以源文件的文件名命名但把其后缀由 . c 或 . cc 变成 . o 的目标文件。

　　– g：要求编译器在编译的时候提供以后对程序进行调试的信息。

　　– E：编译器对源文件只进行预处理就停止，而不做编译、汇编和链接。

　　– S：编译器只进行编译，而不做汇编和链接。

　　– O：编译器对程序提供的编译优化选项，在编译的时候使用该选项，可以使生成的执行文件的执行效率提高。

　　– Wall：指定产生全部的警告信息。

　　如果源代码中包含有某些函数，则在编译的时候要链接确定的库，比如代码中包含了某些数学函数，在 Linux 下，为了使用数学函数，必须和数学库链接，为此要加入 – lm 选项。也许有读者会问，前面那个例子使用 printf 函数的时候为何没有链接库呢？在 gcc 中对于一些常用函数的实现，gcc 编译器会自动去链接一些常用库，这样用户就没有必要自己去指定了。有时候在编译程序的时候还要指定库的路径，这个时候要用到编译器的 – L 选项。比如说有一个库在 /home/mylib 下，这样编译的时候还要加上 – L/home/ mylib。对于一些标准库来说，没有必要指出路径，只要它们在默认库的路径下就可以了，gcc 在链接的时候会自动找到那些库。

　　GNU 编译器生成的目标文件默认格式为 elf（executive linked file）格式，这是 Linux 系统所采用的可执行链接文件的通用文件格式。elf 格式由若干段（section）组成，如果没有特别指明，由标准 c 源代码生成的目标文件中包含以下段：. text（正文段）包含程序的指令

代码；.data（数据段）包含固定的数据，如常量、字符串等；.bss（未初始化数据段）包含未初始化的变量和数组等。

当改变了源文件 hello.c 后，需要重新编译：

$ gcc – c hello.c

然后重新链接生成

$ gcc – o hello.o

对于本例，因为只含有一个源文件，所以当改动了源代码后，进行重新的编译链接的过程显得并不是太繁琐。但是，如果在一个工程中包含了若干的源代码文件，而这些源代码文件中的某个或某几个又被其他源代码文件包含，那么，如果一个文件被改动，则包含它的那些源文件都要进行重新编译链接，工作量是可想而知的。幸运的是，GNU 提供了使这个步骤变得简单的工具，就是下面要介绍的 GNU Make 工具。

7.1.2　GNU Make

GNU Make 是负责从项目的源代码中生成最终可执行文件和其他非源代码文件的工具。make 命令本身可带有 4 种参数：标志、宏定义、描述文件名和目标文件名。其标准形式为

make［flags］［macro definitions］［targets］

UNIX 系统下标志位 flags 选项及其含义如下：

–f file：指定 file 文件为描述文件，如果 file 参数为 – 符，那么描述文件指向标准输入。如果没有 – f 参数，则系统将默认当前目录下名为 makefile 或者名为 Makefile 的文件为描述文件。在 Linux 中，GNU make 工具在当前工作目录中按照 GNUmakefile、makefile、Makefile 的顺序搜索 makefile 文件。

–i：忽略命令执行返回的出错信息。

–s：沉默模式，在执行之前不输出相应的命令行信息。

–r：禁止使用隐含规则。

–n：非执行模式，输出所有执行命令，但并不执行。

–t：更新目标文件。

–q：make 操作将根据目标文件是否已经更新返回" 0" 或非" 0" 的状态信息。

–p：输出所有宏定义和目标文件描述。

–d：Debug 模式，输出有关文件和检测时间的详细信息。

Linux 下 make 标志位的常用选项与 UNIX 系统中稍有不同，下面只列出了不同部分：

–c dir：在读取 makefile 之前，当前目录改变到指定的目录 dir。

–I dir：当包含其他 makefile 文件时，利用该选项指定搜索目录。

–h：help 文档，显示所有的 make 选项。

–w：在处理 makefile 之前和之后，都显示工作目录。

通过命令行参数中的 target，可指定 make 要编译的目标，并且允许同时定义编译多个目标，操作时按照从左向右的顺序依次编译 target 选项中指定的目标文件。如果命令行中没有指定目标，则系统默认 target 指向描述文件中第一个目标文件。

make 是通过一个被称为 makefile 的文件来完成的对源代码的操作，下面主要介绍一下 makefile 的相关知识。

1. makefile 基本结构

GNU Make 的主要工作是读一个文本文件 makefile。makefile 是用 bash 语言写的，bash 语言是一种很像 BASIC 语言的命令解释语言。这个文件里主要描述了目标文件是从哪些依赖文件中产生的，是用何种命令来进行这个产生过程的。有了这些信息，make 会检查磁盘的文件，如果目标文件的日期（即该文件生成或最后修改的日期）至少比它的一个依赖文件日期早，make 就会执行相应的命令，以更新目标文件。

makefile 一般被称为 "makefile" 或 "Makefile"，也可以在 make 的命令行中指定别的文件名。如果没有特别指定的话，make 就会寻找 "makefile" 或 "Makefile"，所以为了简单起见，建议读者使用这两个名字。如果要使用其他文件作为 makefile，则可利用类似下面的 make 命令选项指定 makefile 文件：

```
$ make -f makefilename
```

一个 makefile 主要含有一系列的规则：

```
目标文件名：依赖文件名
（Tab 键）命令
```

第一行称之为规则，第二行是执行规则的命令，必须要以 Tab 键开始。下面举一个简单的 makefile 的例子：

```
executable : main. o io. o
    gcc main. o io. o - o executable
main. o : main. c
    gcc - Wall - O - g - c main. c - o main. o
io. o : io. c
    gcc - Wall - O - g - c io. c - o io. o
```

make 从第一条规则开始，executable 是 makefile 最终要生成的目标文件。给出的规则说明 executable 依赖于两个目标文件 main. o 和 io. o，只要 executable 比它依赖的文件中的任何一个旧的话，下一行的命令就会被执行。但是，在检查文件 main. o 和 io. o 的日期之前，它会往下查找那些把 main. o 或 io. o 做为目标文件的规则。make 先找到了关于 main. o 的规则，该目标文件的依赖文件是 main. c。makefile 后面的文件中再也找不到生成这个依赖文件的规则了。此时，make 开始检查磁盘上这个依赖文件的日期，如果这个文件的日期比 main. o 日期新的话，那么这个规则下面的命令 gcc - c main. c - o main. o 就会执行，以更新文件 main. o。同样 make 对文件 io. o 做类似的检查，它的依赖文件是 io. c，对 io. o 的处理和 main. o 类似。

现在，再回到第一个规则处，如果刚才两个规则中的任何一个被执行，最终的目标文件 executable 都需要重建（因为 executable 所依赖的其中一个 . o 文件就会比它新），因此链接命令就会被执行。

有了 makefile，对任何一个源文件进行修改后，所有依赖于该文件的目标文件都会被重新编译（因为.o文件依赖于.c文件），进而最终可执行文件会被重新链接（因为它所依赖的.o文件被改变了），不需要手工去一个个修改了。

2. Makefile 宏定义

makefile 里的宏是大小写敏感的，一般都使用大写字母。它们几乎可以从任何地方被引用，可以代表很多类型，例如可以存储文件名列表，存储可执行文件名和编译器标志等。

要定义一个宏，在 makefile 中任意一行的开始写下该宏名，后面跟一个等号，等号后面是要设定的这个宏的值。如果以后要引用到该宏时，使用 $（宏名），或者是 $｛宏名｝，注意宏名一定要写在圆或花括号之内。把上一节所举的例子，用引入宏名的方法，可以写成下面的形式：

```
OBJS = main. o io. o
CC = gcc
CFLAGS = - Wall  - O  - g
executable：$（OBJS）
    $（CC）$（OBJS）- o executable
main. o：main. c
    $（CC）$（CFLAGS）- c main. c  - o main. o
io. o：io. c
    $（CC）$（CFLAGS）- c io. c  - o io. o
```

在这个 makefile 中引入了三个宏定义，所以如果当这些宏中的某些值发生变化时，开发者只需在要修改的宏处，将其宏值修改为要求的值即可，makefile 中用到这些宏的地方会自动变化。在 make 中还有一些已经定义好的内部变量，有几个较常用的变量是 $@，$<，$?，$*，$^，含义如下。

$@：扩展为当前规则的目标文件名。

$<：扩展为当前规则依赖文件列表中的第一个依赖文件。

$?：扩展为所有的修改日期比当前规则的目标文件的创建日期更晚的依赖文件，该值只有在使用显式规则时才会被使用。

$*：扩展成当前规则中目标文件和依赖文件共享的文件名，不含扩展名。

$^：扩展为整个依赖文件的列表（除掉了所有重复的文件名）。

利用这些变量，可以把上面的 makefile 写成：

```
OBJS = main. o io. o
CC = gcc
CFLAGS = - Wall  - O  - g
executable：$（OBJS）
    $（CC）$^ - o $@
main. o：main. c
    $（CC）$（CFLAGS）- c $<  - o $@
io. o：io. c
    $（CC）$（CFLAGS）- c $<  - o $@
```

可以将宏变量应用到其他许多地方，尤其是当把它们和函数混合使用的时候，正确使用宏会给开发者带来极大的便利。

3. 隐含规则

在上面的例子里，几个产生 .o 文件的命令都以 .c 文件作为依赖文件产生 .o 目标（obj）文件，这是一个标准的生成目标文件的步骤。如果把生成 main.o 和 io.o 的规则从 makefile 中删除，make 会查找它的隐含规则，然后找到一个适当的命令去执行。实际上 make 已经知道该如何生成这些目标文件，它使用变量 CC 做为编译器，并且传递宏 CFLAGS 给 C 编译器（CXXFLAGS 用于 C++ 编译器），CPPFLAGS（C 预处理选项），然后加入开关选项 –c，后面跟预定义宏 $< （第一个依赖文件名）；最后是开关项 –o，后跟预定义宏 $@（目标文件名）。一个 C 编译的具体命令如下：

$(CC) $(CFLAGS) $(CPPFLAGS) $(TARGET_ARCH) –c $< –o $@

在 make 工具中所包含的这些内置的或隐含的规则，定义了如何从不同的依赖文件建立特定类型的目标。UNIX 系统通常支持一种基于文件扩展名（即文件名后缀）的隐含规则。这种后缀规则定义了如何将一个具有特定文件名后缀的文件（例如 .c 文件），转换成为具有另一种文件名后缀的文件（例如 .o 文件）。

系统中默认的常用文件扩展名及其含义如下：

.o：目标文件。

.c：C 源文件。

.f：FORTRAN 源文件。

.s：汇编源文件。

而 GNU Make 除了支持后缀规则外还支持另一种类型的隐含规则，即模式规则。这种规则更加通用，因为可以利用模式规则定义更加复杂的依赖性规则。同时可用来定义目标和依赖文件之间的关系，例如下面的模式规则定义了如何将任意一个 .c 文件转换为文件名相同的 .o 文件：

%.o : %.c

$(CC) $(CFLAGS) $(CPPFLAGS) –c –o $@ $<

4. 伪目标

如果需要最终产生两个或更多的可执行文件，但这些文件是相互独立的，也就是说任何一个目标文件的重建，不会影响其他目标文件。此时，可以通过使用所谓的伪目标来达到这一目的。一个伪目标和一个真正的目标文件的唯一区别在于这个目标文件本身并不存在。因此，make 总是会假设它需要被生成，当 make 把该伪目标文件的所有依赖文件都更新后，就会执行它规则里的命令行。

举一个简单的例子，如果在 makefile 开始处输入：

all : executable1 executable2

这里 executable1 和 executable2 是最终希望生成的两个可执行文件。make 把这个 all 做为它的主要目标，每次执行时都会尝试把 all 更新。但是，由于这行规则里并没有命令来作用在一个叫 all 的实际文件上（事实上，all 也不会实际生成），所以这个规则并不真的改变 all 的状态。既然这个文件并不存在，make 则会尝试更新 all 规则，因此就检查它的依赖文件 executable1、exectable2 是否需要更新，如果需要，就把它们更新，从而达到生成两个目标文件的目的。伪目标在 makefile 中广泛使用。

5. 函数

makefile 里的函数跟它的宏很相似，在使用时，用一个 $ 符号开始，后跟圆括号，在圆括号内包含函数名，空格后跟一系列由逗号分隔的参数。例如，在 GNU Make 里有一个名为 wildcard 的函数，它只有一个参数，功能是展开成一列所有符合由其参数描述的文件名，文件间以空格间隔。命令语句如下：

SOURCES = $ (wildcard * . c)

这样会产生一个所有以 . c 结尾的文件的列表，然后存入到变量 SOURCES 里。当然不需要一定要把结果存入一个变量。

另一个有用的函数是 patsubst（patten substitude，匹配替换的缩写）函数。它需要 3 个参数：第一个是一个需要匹配的模式，第二个表示用什么来替换它，第三个是一个需要被处理的由空格分隔的字列。例如，处理经过上面定义后的变量：

OBJS = $ (patsubst %. c,%. o, $ (SOURCES))

这个语句将处理所有在 SOURCES 宏中的文件名后缀是 . c 的文件，用 . o 把 . c 取代。注意这里的 % 符号是通配符，匹配一个或多个字符，它每次所匹配的字符串叫做一个柄（stem）。在第二个参数里，% 被解释成用第一个参数所匹配的那个柄。

读者如果需要更进一步了解，请参考 GNU Make 手册。

7.1.3　makefile 编程实例

1. 应用程序文件设计

一个应用程序包含 5 个文件：主程序 main. c 文件，子函数文件 mytool1. c，子函数头文件 mytool1. h，子函数文件 mytool2. c，子函数头文件 mytool2. h。在 main. c 的主函数中分别调用 mytool1. c 和 mytool2. c 中子函数。对于这样含多个源文件的应用程序，如果使用编译命令来编译则需要多条命令，且操作麻烦，容易出错，所以可编写 makefile 脚本，用 make 命令进行批量编译。源代码如下：

```
/ *  main. c  * /
#include    "mytool1. h"
#include    "mytool2. h"
int main ( int argc, char  * * argv)
{
    mytool1_print( "hello" ) ;
    mytool2_print( "hello" ) ;
    return 0 ;
}
```

```
/ * mytool1. h * /
#ifndef _ MY_TOOL_1_H
#define  MY_TOOL_1_H
void mytool1_print( char * print_str);
#endif
/ * mytool1. c * /
#include "mytool1. h"
#include  < stdio. h >
void mytool1_print( char * print_str)
{
    printf( "This is mytool2 print % \n", print_str);
}
/ * mytool2. h * /
#ifndef _ MY_TOOL_2_H
#define  MY_TOOL_2_H
void mytool1_print( char * print_str);
#endif
/ * mytool2. c * /
#include "mytool2. h"
#include  < stdio. h >
void mytool2_print( char * print_str)
{
    printf( "This is mytool2 print % \n", print_str);
}
```

针对该应用程序, 可以设计 makefile 脚本文件, 其中最终生成的应用程序是 make_test 可执行文件。makefile 脚本文件如下:

```
/ * makefile * /
    make_test:main. o mytool1. o mytool2. o
            gcc − o $@ $^
    main. o:main. c mytool1. h mytool2. h
            gcc − c $^
    mytool1. o:mytool1. c mytool1. h
            gcc − c $^
    mytool2. o:mytool2. c mytool2. h
            gcc − c $^
    clean:
            rm − f *. o
            rm − f make_test
```

2. 应用程序调试

在 linux 环境下，编辑好上述应用程序的 5 个源代码文件和 makefile 文件，如图 7-1 所示。

```
root@ubuntu64-vm:/home/linux/makefile_test# ls
main.c  makefile  mytool1.c  mytool1.h  mytool2.c  mytool2.h
```

图 7-1　编辑文件

在当前目录下，执行 make 命令，可以看到编译程序的过程包含 3 个编译 . o 文件的命令和一个编译链接生成可执行文件 make_test 的命令，如图 7-2 所示。

```
root@ubuntu64-vm:/home/linux/makefile_test# make
gcc -c main.c mytool1.h mytool2.h
gcc -c mytool1.c mytool1.h
gcc -c mytool2.c mytool2.h
gcc -o make_test main.o mytool1.o mytool2.o
```

图 7-2　编译过程

执行 make 命令之后，可以看到当前目录下，多了 . c 文件对应的 main. o, mytool1. o 和 mytool2. o，以及可执行文件 make_test。在当前目录下执行 . /make_test 命令，可以看到应用程序的运行结果，如图 7-3 所示。

```
root@ubuntu64-vm:/home/linux/makefile_test# ls
main.c  makefile   mytool1.c  mytool1.h.gch  mytool2.c  mytool2.h.gch
main.o  make_test  mytool1.h  mytool1.o      mytool2.h  mytool2.o
root@ubuntu64-vm:/home/linux/makefile_test# ./make_test
This is mytool1 print hello
This is mytool2 print hello
```

图 7-3　运行结果

7.2　Linux 文件 I/O 操作

在 Linux 系统中一切皆可以看成是文件，Linux 把包括硬件设备在内的能够进行流式字符操作的内容都定义为文件。Linux 系统中文件的类型包括：普通文件、目录文件、连接文件、管道（FIFO）文件、设备文件（块设备、字符设备）和套接字。在 Linux 程序设计中，文件操作编程是最常用，也是最基本的内容。本节将对用户编程接口（API）进行介绍，并通过一个简单的文件 I/O 编程示例来介绍文件读写的基本编程方法。

7.2.1　Linux 系统调用和用户编程接口

在 Linux 中，将程序的运行空间分为用户空间和内核空间，也就是常称的用户态和内核态。用户进程通常情况下不允许访问内核数据，也无法使用内核函数，它们只能在用户空间操作用户数据，调用用户空间的函数。

在某些情况下，用户空间的进程需要获得系统服务（进入内核空间调用内核函数），这时操作系统会提供给用户程序一个"特殊接口"——系统调用。利用系统调用，程序从用户空间进入内核空间，处理完成后再返回用户空间。

Linux 的系统调用按照功能逻辑大致可分为进程控制、进程间通信、文件系统控制、存储管理、网络管理、套接字控制、用户管理等几类。

系统调用并不直接与应用程序进行交互，它仅仅是一个通过软中断机制向内核提交请求以获取内核服务的接口。在实际程序设计中，应用程序调用的通常都是用户编程接口（API）。例如，创建进程的 API 函数 fork()，对应于内核空间的 sys_fork() 系统调用。但并不是所有的 API 函数都对应一个系统调用。有时，一个 API 函数会需要几个系统调用来共同完成函数的功能，还有一些 API 函数不需要相应的系统调用，因为它所完成的不是内核提供的服务。

7.2.2 Linux 文件 I/O 编程实例

文件 I/O 操作是在 Linux 编程时经常会使用到的一个内容，通常可以把比较大的数据写到一个文件中来进行存储或者与其他进程进行数据传输，这样比写到一个全局数组或指针参数更为简便。

1. 文件描述符

文件描述符（file descriptor）是内核为了高效管理已被打开的文件所创建的索引，是一个非负整数（通常是小整数），用于指代被打开的文件。所有执行 I/O 操作的系统调用都通过文件描述符来识别具体的文件节点。

每一个文件描述符会与一个打开文件相对应，不同的文件描述符也会指向同一个文件。相同的文件可以被不同的进程打开，也可以在同一个进程中被多次打开。

内核对所有打开文件的文件维护有一个系统级的描述符表格（open file description table），也称为打开文件表（open file table），表格中各条目称为打开文件句柄（open file handle）。一个打开文件句柄存储了与一个打开文件相关的全部信息，如下所示：

1）当前文件偏移量：调用 read() 和 write() 时更新，或使用 lseek() 直接修改。

2）打开文件时所使用的状态标识：open() 的 flags 参数。

3）文件访问模式：如调用 open() 时所设置的只读模式、只写模式或读写模式。

4）与信号驱动相关的设置。

5）对该文件 i-node 对象的引用。

6）文件类型（例如：常规文件、套接字或 FIFO）和访问权限。

7）一个指针，指向该文件所持有的锁列表。

8）文件的各种属性，包括文件大小以及与不同类型操作相关的时间戳。

2. 文件 I/O 编程常用函数

大多数文件 I/O 编程只需用到 5 个函数：open、read、write、lseek 以及 close。

调用这些需要包含的头文件如下：

#include < sys/types. h >

#include < sys/stat. h >

#include ＜fcntl. h＞

（1）open 函数

int open(const char ＊ pathname, int oflag, ／＊, mode_t mode ＊／)；

pathname 是要打开或创建的文件的名字。

oflag 参数可用来说明此函数的多个选择项。用下列一个或多个常数，进行或运算构成 oflag 参数（这些常数定义在头文件＜fcntl. h＞中）：O_ RDONLY 表示只读打开；O_ WRONLY 表示只写打开；O_ RDWR 表示读、写打开，在这3个常数中应当只指定一个。下列常数则是可选择的：O_ APPEND 表示每次写时都加到文件的尾端；O_ CREAT 表示若此文件不存在则创建它；O_ EXCL 表示如果同时指定了 O_ CREAT，而文件已经存在，则出错（这可测试一个文件是否存在，如果不存在则创建此文件成为一个原子操作）；O_ TRUNC 表示如果此文件存在，而且为只读或只写成功打开，则将其长度截短为0。

参数 mode 则有下列数种组合，只有在建立新文件时才会生效，此外真正建文件时的权限会受到 umask 值所影响，因此该文件权限应该为（mode－umaks）. S_ IRWXU 00700 权限，代表该文件所有者具有可读、可写及可执行的权限；S_ IRUSR 或 S_ IREAD, 00400 权限，代表该文件所有者具有可读取的权限；S_ IWUSR 或 S_ IWRITE, 00200 权限，代表该文件所有者具有可写入的权限；S_ IXUSR 或 S_ IEXEC, 00100 权限，代表该文件所有者具有可执行的权限；S_ IRWXG 00070 权限，代表该文件用户组具有可读、可写及可执行的权限；S_ IRGRP 00040 权限，代表该文件用户组具有可读的权限；S_ IWGRP 00020 权限，代表该文件用户组具有可写入的权限；S_ IXGRP 00010 权限，代表该文件用户组具有可执行的权限；S_ IRWXO 00007 权限，代表其他用户具有可读、可写及可执行的权限；S_ IROTH 00004 权限，代表其他用户具有可读的权限；S_ IWOTH 00002 权限，代表其他用户具有可写入的权限；S_ IXOTH 00001 权限，代表其他用户具有可执行的权限。

返回值：成功返回文件描述符，失败返回 -1。

（2）read 函数

size_t read(int fd,void ＊ buf, size_t count)；

把 fd 指向的文件传送 count 字节到 buf 指针所指向的内存中，若正确，返回实际写入的字节数，若错误，返回 -1 及错误代码 errno。

（3）write 函数

size_t write(int fd,void ＊ buf, size_t count)；

把 buf 指针指向的内存 count 字节传送到 fd 指向的文件中，若正确，返回读到的字节数或0，若错误，返回 -1 及代码 errno。

（4）lseek 函数

off_t lseek(int fd,off_t offset,int where)；

将 fd 所指文件的读写指针，在 where 位置移动 offset 个位移量。

（5）close 函数

int close(int fd) ;

关闭 fd 所指文件，若顺利关闭，返回0，若错误，返回 -1。

3. 文件 I/O 编程实例

编写一个文件 I/O 应用程序 filetest，在当前目录下创建用户可读写文件 hello. txt，在其中写入 Hello, file I/O test，关闭文件，再次打开它，读取其中的内容并打印出来。程序代码如下：

```c
/ * filetest. c * /
#include < unistd. h >
#include < sys/stat. h >
#include < fcntl. h >
#include < stdlib. h >
#include < string. h >
#include < stdio. h >
#define LENGTH 100
int main( int argc ,char * * argv)
{
    int fd ,len;
    char str[ LENGTH] ;
    fd = open( "hello. txt" , O_CREAT | O_RDWR, S_IRUSR | S_IWUSR) ;
    if ( fd)
    {
        write( fd, "Hello, file I/O test" ,strlen( "Hello, file I/O test" ) ) ;
        close( fd) ;
    }
    fd = open( "hello. txt" , O_RDWR) ;
    len = read( fd, str, LENGTH) ;
    str[ len] = '\0' ;
    printf( "% s\n" , str) ;
    close( fd) ;
    return 0;
}
```

创建好 filetest. c 文件之后，通过编译命令：

gcc - o filetest filetest. c

编译生成可执行文件 filetest，然后执行该应用程序，可查看程序运行结果，如图 7-4所示。

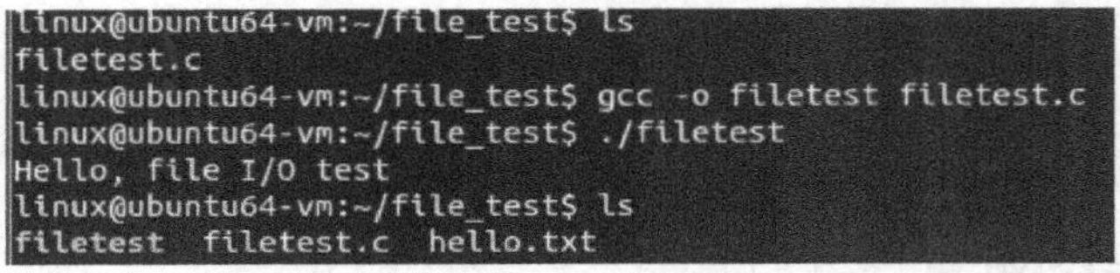

图 7-4　运行结果

7.3　Linux 多线程程序设计

Linux 操作系统是多任务系统，多任务系统指在同一时间可以运行多个应用程序，每个应用程序通常被称作一个任务。多任务是操作系统的最基本特征，通过多任务的实现，将原本在嵌入式程序设计中串行的逻辑过程（包含一个主循环，通常是一个 while（1）的死循环），变成多个并行的逻辑过程（多个循环同时运行，通过操作系统调度来决定处理器运行那个循环）。本节通过多线程程序设计实例，来介绍 Linux 中最基本的逻辑上并行的程序设计方法。在此基础上，进一步介绍常用的线程同步方法——互斥锁和信号量。

7.3.1　任务、进程和线程概述

任务是一个逻辑概念，指由一个软件完成的目标，或者是一系列软件共同达到某一目的的操作。一个任务可以包含一个或多个完成独立功能的子任务，这个独立的子任务在操作系统中就是进程或线程。例如，一个杀毒软件的一次运行是一个任务，目的是从各种病毒的侵害中保护计算机系统，这个任务包含多个独立功能的子任务（进程或线程），包含实时监控功能、定时查杀功能、防火墙功能及用户交互功能等。

进程是指一个具有独立功能的程序在某个数据集上的一次动态执行过程，它是系统进行资源分配和调度的最小单元。每个进程都拥有自己独立的数据段、代码段和堆栈段。进程具有并发性、动态性、交互性、独立性和异步性等主要特性。

1）并发性：指的是系统中多个进程可以同时并发执行，相互之间不受干扰。

2）动态性：指的是进程都有完整的生命周期，而且在进程的生命周期内，进程的状态是不断变化的。另外，进程具有动态的地址空间（包括代码、数据和进程控制块）。

3）交互性：指的是进程在执行过程中可能会与其他进程发生直接和间接的交互操作，如进程同步和进程互斥等，需要为此添加一定的进程处理机制。

4）独立性：指的是进程是一个相对完整的资源分配和调度的基本单位，各个进程的地址空间是相互独立的，只有采用某些特定的通信机制才能实现进程间的通信。

5）异步性：指的是每个进程都按照各自独立的、不可预知的速度向前执行。

线程是进程内独立的一条运行路线，是处理器调度的最小单元，也可以是轻量级进程。

多进程是 linux 内核本身所支持的，而多线程则需要相应的动态库进行支持。对于进程而言，数据之间都是相互隔离的，而多线程则不同，不同的线程除了堆栈空间之外所有的数据都是共享的。

使用进程和线程都可以实现多任务的功能，但为什么操作系统有了进程，还要创造线程的概念和方法？多线程和进程相比，是一种非常"节俭"的多任务操作方式。操作系统中，

启动一个新的进程必须分配给它独立的地址空间，建立众多的数据表来维护它的代码段、堆栈段和数据段，这是一种"昂贵"的多任务工作方式。而运行于一个进程中的多个线程，它们彼此之间使用相同的地址空间，共享大部分数据，启动一个线程所花费的空间远远小于启动一个进程所花费的空间，而且，线程间彼此切换所需的时间也远远小于进程间切换所需要的时间。据统计，一个进程的开销大约是一个线程开销的30倍左右。

多线程的另一个好处是线程间方便的通信机制。对不同进程来说，它们具有独立的数据空间，要进行数据的传递只能通过进程间通信的方式进行。对于线程而言，同一进程下的线程之间共享数据空间，所以一个线程的数据可以直接为其他线程所用，这不仅快捷，而且方便。当然，数据的共享也带来其他一些问题，有的变量不能同时被两个线程所修改，需要在编写多线程程序时进行特殊处理。

7.3.2　多线程编程常用函数

1. 多线程创建编程相关函数

多线程创建编程常用的3个基本函数包括：创建线程函数、等待线程的结束函数和终止线程函数。在调用它们前均要包括pthread.h头文件。

（1）创建线程函数pthread_create

int pthread_create(pthread_t * tid, const pthread_attr_t * attr, void * (* func) (void *), void * arg);

第一个参数为指向线程标识符的指针；第二个参数用来设置线程属性，如果为空指针，表示生成默认属性的线程；第三个参数是线程运行函数的起始地址；最后一个参数是运行函数的参数。当创建线程成功时，函数返回0，若不为0则说明创建线程失败。

（2）等待线程的结束函数pthread_join

int pthread_join(pthread_t tid, void * * status);

第一个参数为被等待的线程标识符；第二个参数为一个用户定义的指针，它可以用来存储被等待线程的返回值。这个函数是一个线程阻塞的函数，调用它的函数将一直等待到被等待的线程结束为止，当函数返回时，被等待线程的资源被收回。

一个线程的结束有两种途径，一种是函数结束了，调用它的线程也就结束了；另一种是通过终止线程函数pthread_exit来实现。

（3）终止线程函数pthread_exit

void pthread_exit(void * value_ptr);

线程的终止可以是调用了pthread_exit或者调用该线程的例程结束。也就是说，一个线程可以隐式地退出，也可以显式地调用pthread_exit函数来退出。pthread_exit函数唯一的参数value_ptr是函数的返回代码，只要pthread_join中的第二个参数value_ptr不是NULL，这个值将被传递给value_ptr。

2. 互斥锁编程相关函数

利用多线程进行程序设计的一个主要优点是可以方便进行同一进程不同线程之间的资源

共享，为了防止多个线程在使用同一资源时发生冲突，一个常用的工具就是互斥锁，互斥锁保证一个资源在某一时刻只能被一个线程使用。互斥锁的变量类型是 pthread_mutex_t，与之相关的常用函数如下：

int pthread_mutex_init(pthread_mutex_t * mutex , pthread_mutexattr_t * attr) ;

int pthread_mutex_destroy (pthread_mutex_t * mutex) ;

int pthread_mutex_lock (pthread_mutex_t * mutex) ;

int pthread_mutex_unlock (pthread_mutex_t * mutex) ;

初始化锁用 pthread_mutex_init，也可以用 pthread_mutex_t mutex = PTHREAD_MU-TEX_INITIALIZER（普通锁，最常见）；销毁锁用 pthread_mutex_destroy。一旦互斥锁被锁住了（pthread_mutex_lock），另一个地方再调用 pthread_mutex_lock，就会被阻塞住，直到有 pthread_mutex_unlock 来解锁，以此来保证多线程使用同一资源的有序性。函数调用成功则返回0。

3. 信号量相关函数

Linux 多线程同步的另外一种常用方法是信号量。信号量和互斥锁的主要区别在于，互斥锁只允许一个线程访问被保护的资源，而信号量允许多个线程同时访问被保护的资源。在 Linux 中，信号量 API 有两组，一组是多进程编程中的 System V IPC 信号量；另外一组是 POSIX 信号量。信号量的变量类型是 sem_t *，是个非负整数，信号量相关的常用函数有以下4个：

int sem_init(sem_t * sem, int pshared, unsigned int value) ;

sem_init 函数用于初始化一个信号量。pshared 制定信号量的类型，如果其值为0，则表示这个信号量是当前进程的局部信号量，否则信号量就可以在多个进程之间共享。value 设置信号量的初始值。

int sem_destroy(sem_t * sem) ;

sem_destroy 用于销毁信号量，以释放其占用的内核资源。如果销毁一个正在等待的信号量，则将导致不可预期的后果。

int sem_wait(sem_t * sem) ;

sem_wait 以原子操作的方式将信号量值减1，如果信号量的值为0，则 sem_wait 将被阻塞，直到该信号量值为非0值。

int sem_post(sem_t * sem) ;

sem_post 以原子操作的方式将信号量的值加1，当信号量的值大于0时，其他正在调用 sem_wait 等待信号量的线程将被唤醒。

这些函数的第一个参数 sem 指向被操作的信号量，这些函数成功时返回0，失败则返回 -1。

7.3.3 多线程编程实例

1. 简单的多线程程序实例

通过主线程创建一个子线程，并等待子线程执行返回。代码如下：

```
/* threadtest. c */
#include <stdio. h>
#include <stdlib. h>
#include <pthread. h>
void thread(void)//线程的运行函数
{
    int i;
    for(i = 0;i < 3;i + +)
    {
        sleep(1);延迟 1 秒,线程处于挂起状态,等待 1 秒延迟的结束
        printf("This is a pthread. \n");
    }
}
int main (int argc, char * * argv)
{
    pthread_t id;
    int i,ret;
    ret = pthread_create(&id,NULL,(void *)thread,NULL);//创建线程
    if(ret! = 0){
        printf("Create pthread error! \n");
        exit(0);
    }
    for(i = 0;i < 3;i + +)
    {
        printf("This is the main process. \n");
        sleep(1);
    }
    pthread_join(id,NULL);//等待线程执行结束
    return(0);
}
```

创建程序文件 threadtest. c 源文件,通过编译命令,

gcc − o threadtest threadtest. c − pthread

生成 threadtest 可执行文件,运行并查看结果,如图 7-5 所示。

2. 互斥锁编程实例

对于一个变量资源 value,正在运行的两个线程采用互斥锁来共享使用,每个线程运行时,value 加 1,直到 value 的值为 10。程序源代码文件 threadmux. c 如下:

图 7-5   运行结果

```
/ *  threadmux. c  * /
#include  < pthread. h >
#include  < stdio. h >
#include  < sys/time. h >
#include  < string. h >
#define MAX 10
pthread_t thread[2];
pthread_mutex_t mut;  互斥锁变量
int value =0, i;//value 为需要保护的变量资源
void  * thread1()//线程 1 的运行函数
{
    printf ("I'm thread 1\n");
    for (i =0; i < MAX; i ++)
    {
        printf("thread1 : value = % d\n", value);
        pthread_mutex_lock(&mut);//使用互斥锁,开始使用 value 变量
        value ++;
        pthread_mutex_unlock(&mut);//互斥锁解锁
        sleep(2);
    }
    pthread_exit(NULL);
}
void  * thread2()//线程 2 的运行函数
{
    printf("I'm thread 2\n");
    for (i =0; i < MAX; i ++)
    {
        printf("thread2 : value = % d\n", value);
        pthread_mutex_lock(&mut); //使用互斥锁,开始使用 value 变量
        value ++;
        pthread_mutex_unlock(&mut); //互斥锁解锁
        sleep(3);
```

```
    }
    pthread_exit( NULL) ;
}
void thread_create( void)
{
    int temp;
    memset( &thread, 0, sizeof( thread) ) ;
    / * 创建线程 */
    if( ( temp = pthread_create( &thread[0], NULL, thread1, NULL) ) ! = 0)
        printf( "thread 1 create error! \n") ;
    if( ( temp = pthread_create( &thread[1], NULL, thread2, NULL) ) ! = 0)
        printf( "thread 2 create error! \n") ;
}
void thread_wait( void)
{
    / * 等待线程结束 */
    if( thread[0] ! =0) {
        pthread_join( thread[0],NULL) ;//等待线程 1 执行结束
        printf( "end of thread 1 \n") ;
    }
    if( thread[1] ! =0) {
        pthread_join( thread[1],NULL) ; //等待线程 2 执行结束
        printf( "end of thread 2 \n") ;
    }
}
int main ( int argc, char * * argv)
{
    / * 用默认属性初始化互斥锁 */
    pthread_mutex_init( &mut,NULL) ;
    thread_create( ) ;//创建线程
    thread_wait( ) ;//等待线程运行结束
    return 0;
}
```

通过编译命令，

gcc − o threadmux threadmux. c − pthread

生成 threadmux 可执行文件，运行并查看结果，如图 7-6 所示。

3. 信号量程序实例

创建两个线程，使用信号量进行同步，信号量初始化为 0，第一个线程使用 sem_wait 函

```
linux@ubuntu64-vm:~/threadtest/threadmux$ ls
threadmux.c
linux@ubuntu64-vm:~/threadtest/threadmux$ gcc -o threadmux threadmux.c -pthread
linux@ubuntu64-vm:~/threadtest/threadmux$ ./threadmux
I'm thread 2
thread2 : value = 0
I'm thread 1
thread1 : value = 1
thread1 : value = 2
thread2 : value = 3
thread1 : value = 4
thread2 : value = 5
thread1 : value = 6
thread1 : value = 7
thread2 : value = 8
thread1 : value = 9
thread2 : value = 10
end of thread 1
end of thread 2
```

图 7-6　运行结果

数阻塞等待信号量，第二个线程每运行一次使用 sem_post 函数将信号量加 1，唤醒第一个线程运行。程序源代码文件 semtest. c 如下：

```c
/ *  semtest. c  * /
#include  < stdio. h >
#include  < stdlib. h >
#include  < semaphore. h >
#include  < pthread. h >
void  * thread1( void  * arg)   //线程 1 运行函数
{
    sem_t * sems = ( sem_t  *  )arg;//线程参数,传进来的是信号量变量
    static int cnt = 5;
    while( cnt - - )
    {
        sem_wait( sems);   //等待信号量
        printf( "thread1 : I get the sems. \n");
    }
}

void  * thread2( void  * arg)   //线程 2 运行函数
{
    sem_t * sems = ( sem_t  *  )arg;   //线程参数,传进来的是信号量变量
    static int cnt = 5;
    while( cnt - - )
    {
        printf( "thread2 : I send the sems\n");
        sem_post( sems);   //将信号量加 1
```

```
        sleep(1);
    }
}
int main (int argc, char * * argv)
    {
    sem_t sems;
    pthread_t t1, t2;
    /* 创建线程同步信号量,初始值为 0 */
    if( sem_init(&sems, 0, 0) < 0)
        printf("sem_init error");
    pthread_create(&t1, NULL, thread1, &sems);   //创建线程 1
    pthread_create(&t2, NULL, thread2, &sems);   //创建线程 2
    pthread_join(t1, NULL);   //等待线程 1 执行结束
    pthread_join(t2, NULL);   //等待线程 2 执行结束
    sem_destroy(&sems);   //销毁信号量变量
    return 0;
}
```

采用编译命令

gcc − o semtest semtest. c − pthread

进行编译, 生成 semtest, 运行并查看运行结果, 如图 7-7 所示。

图 7-7　运行结果

7.4　Linux 进程间通信

在嵌入式应用中, 一个系统通常可以由多个应用程序组成, 每个应用程序通常是一个进程, 多个应用程序在共同完成系统功能时, 通常需要进行同步、消息传递和资源共享等协调工作。在操作系统中, 这类功能称为进程间通信, Linux 有很多进程间通信手段。

7.4.1　进程间通信方法概述

进程间通信主要涉及信号、消息队列、共享内存三个概念。

信号（signal）是在软件层次上类似于微处理器中的中断机制，用于通知进程有某事件发生。信号是异步的，一个进程不必通过任何操作来等待信号的到达，事实上，进程也不知道信号到底什么时候到达。

消息队列（message queue）提供了一种从一个进程向另一个进程发送一个数据块的方法。

共享内存（shared memory）就是映射一段能被其他进程所访问的内存，这段共享内存由一个进程创建，但多个进程都可以访问。共享内存是最快的进程间通信方式，它往往与其他通信机制如信号量配合使用，来实现进程间的同步和通信。

7.4.2　进程间相关函数介绍

1. 信号相关函数

（1）设置信号的处理函数 signal

void * signal(int signum, void * handler)；

第一个参数是将要处理的信号。第二参数是一个指针，该指针指向以下类型的函数：

void func( )；

（2）信号发送函数 kill

int kill(pid_t pid, int signo)

kill 既可以向自身发送信号，也可以向其他进程发送信号。第一个参数为接收信号的进程 ID，第二个参数为发送的信号。

Linux 定义了 64 种信号，可以通过 kill –l 命令来查询这些信号，如图 7-8 所示。

```
linux@ubuntu64-vm:~$ kill -l
 1) SIGHUP       2) SIGINT       3) SIGQUIT      4) SIGILL       5) SIGTRAP
 6) SIGABRT      7) SIGBUS       8) SIGFPE       9) SIGKILL     10) SIGUSR1
11) SIGSEGV     12) SIGUSR2     13) SIGPIPE     14) SIGALRM     15) SIGTERM
16) SIGSTKFLT   17) SIGCHLD     18) SIGCONT     19) SIGSTOP     20) SIGTSTP
21) SIGTTIN     22) SIGTTOU     23) SIGURG      24) SIGXCPU     25) SIGXFSZ
26) SIGVTALRM   27) SIGPROF     28) SIGWINCH    29) SIGIO       30) SIGPWR
31) SIGSYS      34) SIGRTMIN    35) SIGRTMIN+1  36) SIGRTMIN+2  37) SIGRTMIN+3
38) SIGRTMIN+4  39) SIGRTMIN+5  40) SIGRTMIN+6  41) SIGRTMIN+7  42) SIGRTMIN+8
43) SIGRTMIN+9  44) SIGRTMIN+10 45) SIGRTMIN+11 46) SIGRTMIN+12 47) SIGRTMIN+13
48) SIGRTMIN+14 49) SIGRTMIN+15 50) SIGRTMAX-14 51) SIGRTMAX-13 52) SIGRTMAX-12
53) SIGRTMAX-11 54) SIGRTMAX-10 55) SIGRTMAX-9  56) SIGRTMAX-8  57) SIGRTMAX-7
58) SIGRTMAX-6  59) SIGRTMAX-5  60) SIGRTMAX-4  61) SIGRTMAX-3  62) SIGRTMAX-2
63) SIGRTMAX-1  64) SIGRTMAX
```

图 7-8　Linux 定义信号

常见的一些系统中的信号包括：

SIGHUP：从终端上发出的结束信号。

SIGINT：来自键盘的中断信号（Ctrl – C）。

SIGQUIT：来自键盘的退出信号（Ctrl – \ ）。

SIGKILL：该信号结束接收信号的进程。

SIGTERM：kill 命令发出的信号。

SIGCHLD：标识子进程停止或结束的信号。

SIGSTOP：来自键盘（Ctrl – Z）或调试程序的停止执行信号。

2. 消息队列相关常用函数

（1）创建和访问一个消息队列函数 msgget

int msgget(key_t key, int msgflg) ;

key 是消息队列的名字。msgflg 是一个权限标志，表示消息队列的访问权限，它与文件的访问权限一样。msgflg 可以与 IPC_CREAT 做或操作，当 key 所命名的消息队列不存在时创建一个消息队列；如果 key 所命名的消息队列存在时，IPC_CREAT 标志会被忽略，而只返回一个标识符。返回值为 key 命名的消息队列的标识符（非零整数），失败时返回 – 1。

（2）msgctl 函数用来控制消息队列

int msgctl(int msgid, int command, struct msgid_ds ∗ buf) ;

msqid：由 msgget 函数返回的消息队列标识码。

command：将要采取的动作，它可以取以下 3 个值：

IPC_STAT：把 msgid_ds 结构中的数据设置为消息队列的当前关联值，即用消息队列的当前关联值覆盖 msgid_ds 的值。

IPC_SET：如果进程有足够的权限，就把消息列队的当前关联值设置为 msgid_ds 结构中给出的值。

IPC_RMID：删除消息队列。

buf：是指向 msgid_ds 结构的指针，它指向消息队列模式和访问权限的结构。

返回值：成功时返回 0，失败时返回 – 1。

（3）添加消息到消息队列函数 msgsend

int msgsend(int msgid, const void ∗ msg_ptr, size_t msg_sz, int msgflg) ;

msgid：由 msgget 函数返回的消息队列标识码。

msgp：一个指针，指针指向准备发送的消息。

msgsz：msgp 指向的消息长度，这个长度不含保存消息类型的 long int 长整型。

msgflg：控制着当前消息队列满或到达系统上限时将要发生的事情返回值，若成功，返回 0，若失败，返回 – 1。msgflg = IPC_NOWAIT 表示队列满不等待，返回 EAGAIN 错误。消息结构在两方面受到制约：首先，它必须小于系统规定的上限值；其次，它必须以一个 long int 长整数开始，接收者函数将利用这个长整数确定消息的类型。

消息结构参考形式如下：

```
struct msgbuf {
    long mtype;
    char mtext[100];
}
```

如果调用成功，消息数据的一份副本将被放到消息队列中并返回 0，失败时返回 −1。

（4）从一个消息队列获取消息函数 msgrcv

int msgrcv(int msgid, void * msg_ptr, size_t msg_st, long int msgtype, int msgflg) ;

msgid：由 msgget 函数返回的消息队列标识码。

msgp：一个指针，指针指向准备接收的消息。

msgsz：msgp 指向的消息长度，这个长度不含保存消息类型的 long int 长整型。

msgtype：可以实现接收优先级的简单形式。

msgflg：控制着队列中相应类型的消息。

返回值：成功返回实际放到接收缓冲区里去的字符个数，失败返回 −1。

msgtype = 0：返回队列第一条信息。

msgtype > 0：返回队列第一条类型等于 msgtype 的消息。

msgtype < 0：返回队列第一条类型小于等于 msgtype 绝对值的消息，并且是满足条件的消息类型最小的消息。

msgflg = IPC_ NOWAIT：队列没有可读消息不等待，返回 ENOMSG 错误。

msgflg = MSG_ NOERROR：消息大小超过 msgsz 时被截断。

msgtype > 0 且 msgflg = MSG_ EXCEPT：接收类型不等于 msgtype 的第一条消息。

3. 共享内存相关函数

（1）创建或获取共享内存函数 shmget

int shmget (key_t key, size_t size, int shmflg) ;

函数 shmget 创建一个新的共享内存，或者访问一个已经存在的共享内存。参数 key 是共享内存的关键字。size 指定了该共享内存的字节大小。参数 shmflg 的含义与消息队列函数 msgget 中参数 msgflg 的含义相类似。

（2）将共享内存映射到调用进程的地址空间函数 shmat

void * shmat(int shmid, const void * shmaddr, int shmflg) ;

共享内存在获取标识号后，仍需调用函数 shmat 将标识号为 shmid 的共享内存段映射到进程地址空间后才可以访问。映射的地址由参数 shmaddr 和 shmflg 共同确定。

（3）函数 shmdt 用来释放共享内存映射

当进程不再需要共享内存时，可以使用函数 shmdt 释放共享内存映射。

int shmdt(const void * shmaddr) ;

函数 shmdt 释放进程在地址 shmaddr 处映射的共享内存，参数 shmaddr 必须为函数 shmget 的返回值。本函数调用成功时返回 0，否则返回 −1。

（4）对共享内存进行控制函数 shmctl

int shmctl(int shmid, int cmd, struct shmid_ds * buf) ;

msqid：共享内存标识符。

cmd：控制命令，它可以取 3 个值：

IPC_STAT：得到共享内存的状态，把共享内存的 shmid_ds 结构复制到 buf 中。

IPC_SET：改变共享内存的状态，把 buf 所指的 shmid_ds 结构中的 uid、gid、mode 复制到共享内存的 shmid_ds 结构内。

IPC_RMID：删除这片共享内存。

buf：共享内存管理结构体。

本函数调用成功时返回 0，否则返回 −1。

系统建立进程间通信（如消息队列、共享内存时）必须指定一个 id 值。通常情况下，该 id 值可以通过 ftok 函数来获取。

（5）ftok 函数

key_t ftok(char ∗ fname, int id)

fname 是指定的文档名，

id 是子序号。

7.4.3　进程间通信编程实例

1. 信号同步程序实例

如果收到 SIGINT 和 SIGUSR1 信号，则向终端输出收到的信号，如果收到 SIGQUIT 信号，则结束程序退出。本例通过 kill 命令来向进程发送信号，源代码文件 sigsimple.c 如下：

```
/ ∗ sigsimple.c ∗ /
#include < stdio.h >
#include < signal.h >
#include < unistd.h >
#include < stdlib.h >
 void my_func( int sign_no)
{
    if( sign_no == SIGINT)//收到 SIGINT 信号
    {
        printf( "sigsimple receive sig：SIGINT. \n" );
    } else if( sign_no == SIGUSR1) //收到 SIGUSR1 信号
    {
        printf( "sigsimple receive sig：SIGUSR1. \n" );
    }
    else if( sign_no == SIGQUIT) //收到 SIGQUIT 信号
    {
        printf( "sigsimple receive sig：SIGQUIT. \n" );
        exit(0);
    }
}
    int main( int argc, char ∗ ∗ argv)
```

```
{
    int pid = getpid( );//获取进程 ID
    printf("sigsimple pidis：%d\n", pid)；// 获取进程的 pid
    signal(SIGINT,   my_func);//设置 SIGINT 信号的处理函数
    signal(SIGQUIT,   my_func)；//设置 SIGQUIT 信号的处理函数
    signal(SIGUSR1,my_func)；//设置 SIGUSR1 信号的处理函数
    while(1)
    {
        sleep(1)；
    }
    exit(0)；
}
```

使用编译命令

gcc – o sigsimple sigsimple. c

进行编译，生成 sigsimple 执行文件，使用命令 sigsimple &，让 sigsimple 在终端后台运行，然后分别使用 kill 命令

kill – s SIGINT 4062

kill – s SIGUSR1 4062

kill – s SIGQUIT 4062

给 sigsimple 应用程序所在的进程发信号，其中 4062 为应用程序运行时获得的进程 ID，运行结果如图 7-9 所示。

```
linux@ubuntu64-vm:~/ipctest/sigtest$ ls
sigsimple.c
linux@ubuntu64-vm:~/ipctest/sigtest$ gcc -o sigsimple sigsimple.c
linux@ubuntu64-vm:~/ipctest/sigtest$ ./sigsimple &
[1] 4062
linux@ubuntu64-vm:~/ipctest/sigtest$
sigsimple pidis: 4062

linux@ubuntu64-vm:~/ipctest/sigtest$ kill -s SIGINT 4062
sigsimple receive sig:SIGINT.
linux@ubuntu64-vm:~/ipctest/sigtest$ kill -s SIGUSR1 4062
sigsimple recieve sig:SIGUSR1.
linux@ubuntu64-vm:~/ipctest/sigtest$ kill -s SIGQUIT 4062
sigsimple receive sig:SIGQUIT.
[1]+ 完成                    ./sigsimple
```

图 7-9　运行结果

2. 消息队列程序实例

创建两个应用程序 msgreceive 和 msgsend 分别运行，处于不同的进程，通过消息队列进行通信，msgreceive 将从 msgsend 收到的消息显示出来，当收到消息 "end" 时，结束进程，退出应用程序。源代码文件 msgreceive. c 和 msgsend. c 如下：

```c
/ *  msgreceive. c  * /
#include  < unistd. h >
#include  < stdlib. h >
#include  < stdio. h >
#include  < string. h >
#include  < errno. h >
#include  < sys/msg. h >
struct msg_st    //消息队列使用的结构体
{
        long int msg_type;
        char message[ BUFSIZ];
};
int main( )
{
        int msgid = -1;
        struct msg_st data;
        long int msgtype = 0;
        msgid = msgget( ( key_t)2233, 0666 | IPC_CREAT);   //创建消息队列
        if( msgid ==  -1)
        {
            printf( "message queue create error");
        }
        while(1)
        {  //接收消息队列中的数据
          if( msgrcv( msgid, ( void * )&data, BUFSIZ, msgtype, 0)  ==  -1)
          {
              printf( "message queue receive error");
          }

          printf( "msgreceive receive message: % s\n",data. message);
          if( strncmp( data. message, "end", 3)  == 0)
            break;
        }
        if( msgctl( msgid, IPC_RMID, 0)  ==  -1)   //删除消息队列
        {
            printf( "message queue destory error");
        }
        return 0;
}
```

```c
/ * msgsend. c * /
#include  < unistd. h >
#include  < stdlib. h >
#include  < stdio. h >
#include  < string. h >
#include  < sys/msg. h >
#include  < errno. h >
#define MAX_TEXT 512
struct msg_st   //消息队列使用的结构体
{
        long int msg_type;
        char message[MAX_TEXT];
};
int main( )
{
        int running =1;
        struct msg_st data;
        char buffer[BUFSIZ];
        int msgid = -1;
        //创建消息队列,如已经存在则打开该消息队列
        msgid = msgget((key_t)2233, 0666 | IPC_CREAT);
        if(msgid == -1)
        {
            printf("message queue create error");
        }
        while(1)
        {
            printf("msgsend enter message to send: ");
            fgets(buffer, BUFSIZ, stdin);
            data. msg_type =1;
            strcpy(data. message, buffer);
            //向消息队列发数据
            if(msgsnd(msgid, (void * )&data, MAX_TEXT, 0) == -1)
            {
                printf("message queue send error");
            }
            if(strncmp(buffer, "end", 3) == 0)
                break;
            sleep(1);
```

```
        }
        return 0;
    }
```

使用编译命令

gcc －o msgreceive msgreceive. c

gcc －o msgsend msgsend. c

分别编译生成 msgreceive 和 msgsend 可执行文件，让 msgreceive 处于后台运行，通过 msgsend 输入字符串并发送消息，运行结果如图 7-10 所示。

```
linux@ubuntu64-vm:~/ipctest/messagetest$ ls
msgreceive.c  msgsend.c
linux@ubuntu64-vm:~/ipctest/messagetest$ gcc -o msgsend msgsend.c
linux@ubuntu64-vm:~/ipctest/messagetest$ gcc -o msgreceive msgreceive.c
linux@ubuntu64-vm:~/ipctest/messagetest$ ./msgreceive &
[1] 3283
linux@ubuntu64-vm:~/ipctest/messagetest$ ./msgsend
msgsend enter message to send: hello
msgreceive receive message: hello

msgsend enter message to send: welcome
msgreceive receive message: welcome

msgsend enter message to send: ok
msgreceive receive message: ok

msgsend enter message to send: end
msgreceive receive message: end

[1]+  完成                    ./msgreceive
```

图 7-10　运行结果

3. 共享内存程序实例

使用共享内存来进行进程间的数据传递，应用程序 shmemwrite 所处的进程创建共享内容，并往共享内存中写入字符串"This is a test string"，应用程序 shmemread 所处的进程读出共享内存中存在的字符串，并删除共享内存。程序源代码文件 shmemwrite. c 和 shmemread. c 如下：

```
/ *  shmemwrite. c  * /
#include  < stdio. h >
#include  < sys/ipc. h >
#include  < sys/shm. h >
#include  < sys/types. h >
#include  < string. h >
int main( )
{
    int shm_id;
    key_t key;
    char pathname[20];
```

```
    void * mem;
    strcpy(pathname, "/tmp");
    key = ftok(pathname, 0x03);//获取共享内存的 id
    if(key == -1)
    {
        printf("ftok error! \n");
        return -1;
    }
    //创建共享内存
    shm_id = shmget(key, 4096, IPC_CREAT | IPC_EXCL | 0600);
    if(shm_id == -1)
    {
        printf("shmget error! \n");
        return -1;
    }
    printf("share memory id is: %d\n", shm_id);
    //共享内存映射到调用进程
    mem = (char *) shmat(shm_id, (const void *)0, 0);//
    if(shm_id == -1)
    {
        printf("shmget error! \n");
        return -1;
    }
    strcpy((char *)mem,"This is a test string. \n");
    printf("shmemwrite write to share memory: %s\n",(char *)mem);
    //释放共享内存映射
    if(shmdt(mem) == -1)
    {
        printf("shmde error! \n");
        return -1;
    }
    return 0;
}
/* shmemread. c */
#include < stdio. h >
#include < sys/ipc. h >
#include < sys/shm. h >
#include < sys/types. h >
#include < string. h >
```

```
int main( )
{
    int shm_id;
    key_t key;
    char pathname[20];
    void * mem;
    strcpy(pathname, "/tmp");
    key = ftok(pathname, 0x03);
    if(key == -1)
    {
        printf("ftok error! \n");
        return -1;
    }
    shm_id = shmget(key, 0, 0);//获取已经创建的共享内存标识
    if(shm_id == -1)
    {
        printf("shmget error! \n");
        return -1;
    }
    printf("share memory id is: %d\n", shm_id);
    //共享内存映射到调用进程
    mem = (char * ) shmat(shm_id, (const void * )0, 0);
    if(shm_id == -1)
    {
        printf("shmget error! \n");
        return -1;
    }
    printf( "shmemread read from share memory: %s\n",(char * )mem );
    if(shmdt(mem ) == -1)//释放共享内存映射
    {
        printf("shmdt error! \n");
        return -1;
    }
    int ret = shmctl(shm_id,IPC_RMID,0 );//删除共享内存
    if(ret == -1)
        printf("shmctl error! \n");
    return 0;
}
```

使用编译命令

gcc – o shmemwrite shmemwrite. c

gcc – o shmemread shmemread. c

分别编译生成 shmemwrite 和 shmemread 可执行文件，先执行 shmemwrite 创建共享内容，并向共享内存写入数据，再执行 shmemread 来读取共享内存中的数据，并最终删除共享内存，运行结果如图 7-11 所示。

```
linux@ubuntu64-vm:~/ipctest/shmemtest$ ls
shmemread.c  shmemwrite.c
linux@ubuntu64-vm:~/ipctest/shmemtest$ gcc -o shmemread shmemread.c
linux@ubuntu64-vm:~/ipctest/shmemtest$ gcc -o shmemwrite shmemwrite.c
linux@ubuntu64-vm:~/ipctest/shmemtest$ ./shmemwrite
share memory id is: 229377
shmemwrite write to share memory: This is a test string.

linux@ubuntu64-vm:~/ipctest/shmemtest$ ./shmemread
share memory id is: 229377
shmemread read from share memory: This is a test string.
```

图 7-11   运行结果

7.5   Linux 驱动程序设计

驱动程序是在 Linux 内核空间运行的程序，是 Linux 操作系统内核和微处理器硬件之间的接口。驱动程序为应用程序屏蔽了硬件的细节，这样在应用程序看来，硬件设备只是一个设备文件，应用程序可以像操作普通文件一样对硬件资源进行控制。本节介绍驱动程序设计的基本内容和思路，并通过一个简单的字符型驱动来介绍驱动程序的调试方法。

7.5.1   Linux 的设备管理

Linux 是类 UNIX 操作系统。它继承了 UNIX 的设备管理方法，将所有的设备看作具体的文件，通过文件系统对设备进行访问。所以在 Linux 框架中，与设备相关的处理可以分为文件系统层与设备驱动层。文件系统层向用户提供一组统一规范的用户接口。而设备驱动层则操作硬件上的设备控制器，完成设备的初始化、打开、释放及数据在内核和设备间的传输等操作。所以，实现一个设备驱动程序，只要根据具体的硬件特性向文件系统提供一组访问接口即可。设备驱动程序主要完成以下几个功能：

1）对设备的初始化和释放。

2）把数据从内核传到硬件和从硬件读取数据。

3）读取应用程序传给设备文件的数据和回送应用程序要求的数据。

4）检测和处理设备出现的错误。

Linux 系统中，内核提供保护机制，用户空间的进程一般不能直接访问硬件。所以在嵌入式系统的开发中，大部分工作是为各种设备编写驱动程序。Linux 设备驱动的特点是可以用模块的形式加载各种设备类型，因此具有很大的灵活性。但是对系统性能与内存利用有负面的影响。装入的内核设备驱动模块与其他内核模块一样，具有相同的访问权限，因此，差的内核模块会导致系统崩溃。

1. Linux 设备驱动的分类

Linux 支持的设备驱动可以分成 3 类：字符设备、块设备和网络设备。其中字符设备是没有缓冲区而直接读写的设备，数据的处理是以字节为单位逐个进行 I/O 操作，比如系统的串口设备/dev/cua0 和/dev/cua1。嵌入式系统中的按键、触摸屏和手写板等也属于字符设备。块设备是指那些输入/输出时数据处理以块为单位的设备。块的大小一般设定为 512 或 1024 字节。块设备的存取通过 buffer、cache 来进行，支持数据的随机读写。块设备可以通过其设备相关文件进行访问，通常的访问方法是通过文件系统。只有块设备可安装文件系统。当用户对块设备发出读写要求时，驱动程序先查看缓冲区中的内容，如果缓冲区中的数据能满足用户的要求就返回相应的数据，否则就调用相应的请求函数来进行实际的 I/O 操作。网络设备则是采用分层的思想。设备驱动的发送函数经网络协议层把数据包发送到具体的通信设备上，通信设备传来的数据也在设备驱动程序的接收函数中被解析并组成相应的数据包传给网络协议层。

2. 设备文件

Linux 系统是通过文件系统层对设备进行访问，它们使用与文件 I/O 函数相同的系统调用接口来完成设备文件的打开、读写、I/O 控制和关闭等操作，而驱动程序的主要任务就是在内核层设计这些系统调用的函数。Linux 将设备文件放在/dev 目录下，设备的命名一般为"设备文件名 + 数字或字母"表示的子类，例如/dev/hda0、/dev/hda1 等。

3. 主设备号和次设备号

每个设备文件都有一对称作主次设备号的参数，用来唯一标识一个设备。主设备号标识该设备所使用的驱动程序；次设备号用来标识使用同一驱动程序的不同硬件设备。次设备号只能由设备驱动程序使用，内核仅将它作为参数传递给驱动程序。向系统添加与注销一个主设备号，请参见设备的初始化和卸载部分。创建指定类型的设备文件可以使用 mknod 命令，同时为其分配相应的主次设备号。注意，生成设备文件要以 root 目录注册。具体用法如下：

mknod 设备名 设备类型 主设备名 次设备名

设备操作宏 MAJOR（dev）和 MINOR（dev）可分别用于获得设备的主次设备号。宏 MKDEV（ma，mi）的功能根据主设备号 ma 与次设备号 mi 来得到相应的 dev。这三个宏中 dev 为 kdev_t 结构，它的主要功能是保存设备号。这些宏的定义和 kdev_t 结构见 < Linux/kdev_t. h > 文件。对于 Linux 中对设备号的分配原则可以参考 documentation/devices. txt。

在设计驱动程序时需要注意的是：在 Linux 下用户进程是运行在用户态，内核代码是在内核态被执行的。在用户进程调用驱动程序时，系统进入内核态，这时不再是抢先式调度。也就是说，系统必须在驱动程序的子函数返回后才能进行其他的工作。如果驱动程序陷入死循环，只有重新启动机器了。

7.5.2 设备驱动程序结构

所有设备的驱动程序都有一些共性，了解设备驱动程序的基本结构，对于进行嵌入式系统的开发有很大的参考价值。通常，一个驱动程序完成两个任务：模块的某些函数作为系统调用，而另外一些函数则负责处理中断。无论对字符设备还是块设备，嵌入式 Linux 设备驱动程序的设计大致包括以下步骤：

- 向系统申请获得主、次设备号。
- 实现设备初始化和卸载模块。
- 设计对设备文件操作，如定义 file_operations 结构。
- 设计对设备文件操作调用，如 read、write 等操作。
- 实现中断服务函数，用 request_irq 向内核注册。
- 将驱动程序编译到内核或编译成模块，用 ismod 命令加载。
- 生成设备节点文件。

特别需要注意的是，以上使用的是动态模块加载方法把驱动加入到内核，除此之外，还可以直接把驱动静态地编译到内核。下面介绍设备的初始化和卸载、设备打开与释放操作、设备读写操作、设备控制操作、中断服务函数以及驱动程序的加载方法。

在 Linux 下加载内核驱动程序可以采用动态加载和静态加载两种方式。静态加载就是把驱动程序直接编译到内核里，系统启动后可以直接调用。静态加载的缺点是调试起来比较麻烦，每次修改一个地方都要重新编译下载内核，效率较低。动态加载利用了 Linux 的模块特性，可以在系统启动后用 insmod 命令把驱动程序（.o 文件）添加到内核中去，在不需要的时候用 rmmod 命令来卸载内核模块驱动。在 PC Linux 上调试驱动，一般采用动态加载的方式。在嵌入式产品里可以先用动态加载的方式来调试内核驱动程序，调试完毕后再将内核驱动静态编译到内核中去。

1. 设备的初始化和卸载

向系统添加一个驱动程序相当于添加一个主设备号。字符型设备主设备号的添加和注销分别通过调用函数 register_chrdev（）和 unregister_chrdev（）来实现，这两个函数原型参见 < Linux/fs.h > 文件。

extern int register_chrdev(unsigned int major, const char * name, struct file_operations * fops)；

unregister_chrdev(unsigned int major, const char * name)；

这两个函数运行成功时返回 0，运行失败时返回一个负数或错误码。参数 major 对应所请求的设备号；name 对应设备的名字；fops 是指向该设备对应文件数据结构指针。这个结构将在下一部分介绍。

同样，块设备主设备号的添加和注销分别通过调用函数 register_blkdev（）和 unregister_blkdev（）来实现，这两个函数原型参见 < Linux/fs.h > 文件。在内核中注销设备的同时，释放占有的主设备号。

2. 设备文件打开与释放操作

打开设备的操作是通过调用定义在 include/Linux/fs.h 中的 file_operations 结构中的函数 open( ) 来完成的。file_operations 数据结构是一组设备文件的具体操作的集合，包括打开设备、读取设备等。请注意不同版本的内核会稍有不同。

struct file_operations {
struct module * owner;
loff_t (* llseek) (struct file * , loff_t, int)；

```
ssize_t ( * read) ( struct file * , char __user * , size_t, loff_t * ) ;
ssize_t ( * write) ( struct file * , const char __user * , size_t, loff_t * ) ;
ssize_t ( * aio_read) ( struct kiocb * , const struct iovec * , unsigned long, loff_t) ;
ssize_t ( * aio_write) ( struct kiocb * , const struct iovec * , unsigned long, loff_t) ;
int ( * readdir) ( struct file * , void * , filldir_t) ;
unsigned int ( * poll) ( struct file * , struct poll_table_struct * ) ;
long ( * unlocked_ioctl) ( struct file * , unsigned int, unsigned long) ;
long ( * compat_ioctl) ( struct file * , unsigned int, unsigned long) ;
int ( * mmap) ( struct file * , struct vm_area_struct * ) ;
int ( * open) ( struct inode * , struct file * ) ;
int ( * flush) ( struct file * , fl_owner_t id) ;
int ( * release) ( struct inode * , struct file * ) ;
int ( * fsync) ( struct file * , loff_t, loff_t, int datasync) ;
int ( * aio_fsync) ( struct kiocb * , int datasync) ;
int ( * fasync) ( int, struct file * , int) ;
int ( * lock) ( struct file * , int, struct file_lock * ) ;
ssize_t ( * sendpage) ( struct file * , struct page * , int, size_t, loff_t * , int) ;
unsigned long ( * get_unmapped_area) ( struct file * , unsigned long, unsigned long, un-
signed long, unsigned long) ;
int ( * check_flags) ( int) ;
int ( * flock) ( struct file * , int, struct file_lock * ) ;
ssize_t ( * splice_write) ( struct pipe_inode_info * , struct file * , loff_t * , size_t, unsigned
int) ;
ssize_t ( * splice_read) ( struct file * , loff_t * , struct pipe_inode_info * , size_t, unsigned
int) ;
int ( * setlease) ( struct file * , long, struct file_lock * * ) ;
long ( * fallocate) ( struct file * file, int mode, loff_t offset, loff_t len) ;
} ;
```

从以上可以看出，Linux 是通过 file_operations 结构中提供的函数进行设备操作的，比如对设备文件进行诸如 open、close、read、write 等操作。

打开设备准备 I/O 操作，无论字符型设备或块设备都要调用 open（）函数。open（）函数必须对将要进行的 I/O 操作做好必要的准备工作。比如检查设备相关错误，如果是第一次打开，则初始化硬件。如果设备是独占的，则 open（）函数必须设置一些标志以表示此设备处于忙状态。如果有必要，更新读写操作的当前位置指针 f_ops，分配和填写 file -> private_data 里的数据结构，将计数器加 1。open（）函数打开成功，返回值就是文件描述字的值（非负值），否则返回 -1。释放设备则通过调用 file_operations 结构中的 release（）函数来完成。此函数主要完成以下工作：将计数减 1，释放 file -> private_data 中分配的内存，如果是最后一个释放，则关闭设备。

3. 设备读写操作

几乎所有设备都需要输入和输出。对于字符设备的读写操作，可以直接使用函数 read（）和 write（）。对于块设备的读写操作，则要调用函数 block_ read（）和 block_ write（）来进行读写操作。另外，操作系统定义好一些读写接口，要由驱动程序完成具体的功能。在初始化时，需要把有这种接口的读写函数注册到操作系统。

4. 设备驱动的轮询方式与中断处理方式

设备驱动可以有两种方式进行：轮询方式与中断处理方式。所谓轮询方式是指内核定期对设备的状态进行查询，然后作出相应的处理。轮询方式的缺点是如果设备驱动被链接在内核中，这种方式将使内核一直处理查询状态，直到设备给出应答为止。而中断处理方式则为当操作系统向一个设备发出一个请求操作，该设备就在自己的设备控制器控制下工作，在它完成所请求的任务时，利用中断来通知操作系统，操作系统根据它的状态调用相应的处理函数进行处理。中断处理方式能够避免轮询方式带来的低效率，在实际应用中被大量采用。

在 Linux 系统中，对中断的处理是属于系统内核部分，如果设备与系统之间以中断方式进行数据交换，就必须在系统中安装该设备的软件处理程序。中断信号线（IRQ）是非常珍贵和有限的资源。如果设备需要 IRQ 支持，则要注册中断。注册中断使用函数 request_ irq，通过 free_ irq 来释放中断。

```
typedef   irqreturn_t ( * irq_handler_t)(int, void * );
      int request_irq(unsigned int irq, irq_handler_t handler, unsigned long flags, const
char * name, void * dev_id);
```

irq：要申请的中断号。

handler：向系统注册的中断处理函数，是一个回调函数，中断发生时，系统调用这个函数，dev 参数将被传递给它。

flags：中断标志位。若设置了 IRQF_ DISABLED，则表示中断处理程序被调用时屏蔽所有中断；若设置了 IRQF_ SHARED，则表示多个设备共享中断。

dev_id：在中断共享时会用到，一般设置为这个设备的设备结构体或者为 NULL。

name：设置中断名称，在 cat /proc/interrupts 中可以看到此名称。

```
void free_irq(unsigned int irq, void * dev_id);
```

与 request_irq（）向对应的函数为 free_irq（），free_irq（）的原型如下：

```
void free_irq(unsigned int irq, void * dev_id);
```

free_irq（）中第二个参数应当与 request_irq（）中最后一个参数相同。

5. 驱动程序的加载方法

在设计完主要数据结构和函数接口后就要把设备驱动加入到内核中。除了采用动态模块加载方法把驱动加到内核外，还可以直接把驱动静态地编译到内核。下面介绍以模块的形式动态加载驱动程序。

内核模块程序与一般应用程序之间主要不同之处是，模块程序没有 main（）函数，模块程序在装载时调用 init_ module （void） 函数添加到内核中，在卸载时调用 void cleanup_ module （ ） 函数从内核中卸载。另外一个应用程序从头到尾只执行一个任务，但一个模块可以把响应未来请求的事务登记到内核中，然后等待系统调用。

对模块的初始化是在 main. c 中的 init_ module （ ） 函数完成的。它调用 register_ chrdev （ ） 来注册驱动设备，并调用 module_ register_ chrdev （ ） 函数。register_ chrdev （ ） 需要 3 个参数：第一个参数是希望获得的设备号，如果是零的话，内核会分配一个没有被占用的设备号；第二个参数是设备名；第三个参数用来登记驱动程序实际执行函数的指针。如果注册成功，返回设备的主设备号，同时设备名就会出现在/proc/devices 文件里；如果注册失败，则返回一个负值。void cleanup_ module （ ） 函数则是调用 unregister_ chrdev （ ） 函数来释放设备在系统设备表中占有的表项。

在完成编写这两个函数后，需要对编写的驱动程序代码进行编译，并用命令 insmod 加载到内核中，用命令 rmmod 卸载一个模块。这两个命令分别调用 init_ module （ ） 和 cleanup_ module （ ） 函数：

module_init(my_init);
module_exit(my_cleanup);

6. 内核空间和用户空间的数据交互

内核空间和用户空间的数据交互方法有多种，其中常用的是 copy_ to_ user 和 copy_ from _user 函数。

● 从内核空间读取数据到用户空间函数 copy_ to_ user

unsigned long copy_to_user(void __user * to, const void * from, unsigned long n) ;

＊to 是用户空间的指针，＊from 是内核空间指针，n 表示从内核空间向用户空间复制数据的字节数。如果数据复制成功，则返回零；否则，返回没有复制成功的数据字节数。

● 将用户空间的数据传送到内核空间函数 copy_ from_ user

unsigned long copy_from_user(void * to, const void __user * from, unsigned long n)

＊to 是内核空间的数据目标地址指针，＊from 是用户空间的数据源地址指针，n 是数据的长度。如果数据复制成功，则返回零；否则，返回没有复制成功的数据字节数。

7.5.3 字符型驱动编程实例

本节以最基本的字符型驱动为实例，使读者了解驱动程序设计的框架及流程，掌握应用程序和驱动程序之间数据交互的方法。本驱动在内核申请一个缓冲区，当应用程序写本驱动对应的设备文件时，将数据保存在缓冲区中，当应用程序读本驱动对应的设备文件时，将缓冲区中的数据传给应用程序。

1. 驱动程序和测试应用程序代码设计

驱动程序源代码文件 drivertst. c 和测试应用程序源代码文件 chartest. c 如下：

```
        / * drivertst. c * /
#include < linux/kernel. h >
```

```
#include  < linux/module. h >
#include  < linux/fs. h >
#include  < linux/types. h >
#include  < linux/init. h >
#include  < asm/segment. h >
#include  < asm/uaccess. h >
#define SUCCESS 0
#define DEVICE_NAME " char_driver_test"
#define BUF_LEN 80
static char Message[ BUF_LEN];//定义内核空间的缓冲区
static int device_open( struct inode * inode, struct file * file)
{

    return SUCCESS;

}
static int device_release( struct inode * inode * file)
{

    return 0;

}
static ssize_t device_write( struct file * file,const char * buffer,size_t length,loff_t * offset)
{

    copy_from_user( Message,buffer,length);//从用户程序获取数据
    printk( "device write\n\r" );
    return length;

}
static ssize_t device_read( struct file * file, char * buffer, size_t length, loff_t * offset)
{

    copy_to_user( buffer,Message,length);//向用户程序传递数据
    return length;

}
static int Major;
struct file_operations Fops = {//给驱动程序结构体实体化函数
    read:device_read,
    write:device_write,
    //select:NULL,
    open:device_open,
    release:device_release
};//字符驱动框架所对应的函数
static int init_drv( void )
{
```

```
        Major = register_chrdev(0,DEVICE_NAME,&Fops);//向内核注册驱动
        return 0;
}
static void cleanup_drv(void)
{
        unregister_chrdev(Major,DEVICE_NAME);//从内核卸载驱动
}
module_init(init_drv);//加载驱动初始化函数
module_exit(cleanup_drv);//卸载驱动对应函数

/* 测试应用程序 chartest.c */
#include <unistd.h>
#include <sys/types.h>
#include <sys/stat.h>
#include <fcntl.h>
#include <stdlib.h>
#include <stdio.h>
#include <string.h>
int main(void)
{
        int fd;
        char buf_wd[80] = "";
        char buf_rd[80] = "";
        int len;
        if((fd = open("/dev/char_dev",O_RDWR,0644)) < 0)//打开设备文件
        {
                perror("open");
                exit(EXIT_FAILURE);
        }
        strcpy(buf_wd,"hello");
        if(write(fd,buf_wd,5) <0)//写设备文件
        {
                perror("error:write\n");
        }
        else
                printf("Write Ok:The writed string is:%s\n",buf_wd);
        if((len = read(fd,buf_rd,80)) > 0)//读设备文件
        {
                buf_rd[len] = '\0';
```

```
        printf("Received from module：%s\n",buf_rd);
    }
    else
        printf("Nothing received");
    printf("go...\n");
    close(fd);
    return(EXIT_SUCCESS);
}
```

2. 驱动程序编译

驱动程序编译的 Makefile 文件如下：

```
obj - m : = drivertst.o
KERNELDIR : = /lib/modules/ $(shell uname - r)/build
PWD : =  $(shell pwd)
modules：
    $(MAKE)  - C  $(KERNELDIR) M = $(PWD) modules
modules_install：
    $(MAKE)  - C  $(KERNELDIR) M = $(PWD) modules_install
```

使用 make 命令编译驱动，生成 drivertst. ko，如图 7-12 所示。

```
root@ubuntu64-vm:/home/linux/linuxdriver/chardrvtest# ls
chartest.c drivertst.c Makefile
root@ubuntu64-vm:/home/linux/linuxdriver/chardrvtest# make
make -C /lib/modules/3.2.0-24-generic/build M=/home/linux/linuxdriver/chardrvtest module
s
make[1]: 正在进入目录 `/usr/src/linux-headers-3.2.0-24-generic'
  CC [M]  /home/linux/linuxdriver/chardrvtest/drivertst.o
  Building modules, stage 2.
  MODPOST 1 modules
  CC      /home/linux/linuxdriver/chardrvtest/drivertst.mod.o
  LD [M]  /home/linux/linuxdriver/chardrvtest/drivertst.ko
make[1]:正在离开目录 `/usr/src/linux-headers-3.2.0-24-generic'
root@ubuntu64-vm:/home/linux/linuxdriver/chardrvtest# ls
chartest.c   drivertst.ko     drivertst.mod.o  Makefile        Module.symvers
drivertst.c  drivertst.mod.c  drivertst.o      modules.order
```

图 7-12　编译驱动

3. 驱动程序安装

可以通过驱动程序安装命令 insmod drivertst. ko 来安装驱动程序，安装之后可以通过 lsmod 命令来看是否已经安装驱动，如图 7-13 所示。

可以通过 cat/proc/devices 命令来查看已经安装设备驱动的设备号，并通过 mknod 命令来建立设备文件，如图 7-14 所示。

4. 应用程序编译及测试

编译测试应用程序 chartest. c 是普通的应用程序编译方法。可采用编译命令

图 7-13　查看驱动安装状态

图 7-14　查看已安装设备驱动的设备号

gcc － o chartest chartest. c

运行测试应用程序 chartest，可以采用命令 . /chartest，可以看到 chartest 向驱动写入 " hello" 字符串，然后又将 " hello" 字符串从驱动读回来，如图 7-15 所示。

图 7-15　运行结果

本 章 小 结

本章主要向读者介绍了 Linux 开发中常用的应用程序和驱动程序设计技巧，包括文件操作、线程创建及同步以及进程通信等基本应用程序设计，并介绍了 Linux 程序设计的函数框架和设计流程。本章为进一步进行嵌入式 Linux 程序和驱动开发提供基础。读者可在具体的 Linux 设计实践中，借助网络或书籍进一步学习相关内容。

思 考 题

1. 设计一个包含 5 个 C 语言程序源代码文件的 Makefile。
2. 编写一个简单的驱动程序，实现应用程序和驱动程序之间的数据交互。
3. 设计一个包括文件操作、线程创建及同步的 Linux 应用程序。
4. 设计一个使用消息队列的 Linux 应用程序。
5. 设计一个使用共享内存的 Linux 应用程序。

第 8 章　嵌入式 Linux 程序开发

嵌入式 Linux（Embedded Linux）是指对 Linux 经过小型化裁剪后，能够固化在容量只有几百 K 字节或几兆字节的存储器芯片中，应用于特定嵌入式场合的专用 Linux 操作系统。嵌入式 Linux 由于内核小、功能强大、API 丰富，系统健壮、效率高和易于定制剪裁等特点，如今已被广泛应用于工业制造、过程控制、通信、仪器、仪表、汽车、船舶、航空、航天、军事装备、消费类产品等众多领域。

嵌入式 Linux 应用程序设计和 PC 下 Linux 应用程序设计使用的编程技巧是完全一样，主要包括文件操作、线程使用和进程间通信等基本内容，差别在于使用的编译器和运行平台的不同，具体的编程方法可参见第 7 章的内容。本章主要介绍嵌入式 Linux 所涉及的交叉编译器的安装和嵌入式 Linux 平台的搭建，以及嵌入式 Linux 驱动程序设计所涉及硬件部件的控制，包括 LED 和 PWM 等基本部件模块。

8.1　嵌入式 Linux 搭建

在嵌入式系统的开发板上运行 Linux 操作系统，一般需要在开发板的存储器烧录 3 个映像文件：BootLoader 映像文件（Bootloader）、Linux 内核映像文件（Kernel）和 Linux 根文件系统映像文件（Root filesystem），如图 8-1 所示。开发板上电复位后，首先启动 BootLoader，BootLoader 是一个可独立运行的启动代码，通过 BootLoader 初始化硬件，设置 Linux 内核的启动参数，然后将 Linux 内核拷贝到内存中并启动。当 Linux

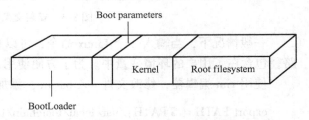

图 8-1　嵌入式 Linux 映像文件在存储器中的分布

内核启动后，BootLoader 就失去对处理器的控制权，系统完全由 Linux 内核来管理，Linux 内核进行一系列的初始化和设置工作，然后挂接 Linux 根文件系统（应用程序和 Linux 配置等数据都是放在根文件系统中），调用根文件系统中的批处理初始化命令，对 Linux 运行环境进行初始化，并调用开机自动运行应用程序。至此 Linux 完成启动，应用程序开始在 Linux 操作系统中运行。

嵌入式 Linux 的搭建过程，就是根据应用需要，编译生成 BootLoader、Linux 内核和 Linux 根文件系统 3 个映像文件，并存放到嵌入式系统的存储器中的过程。

8.1.1　Linux 的交叉开发环境建立

由于嵌入式 Linux 的内核和应用程序等都是要在目标板（嵌入式系统的开发板）上运行，所以使用的编译器不能再是 gcc，必须采用目标板对应的交叉编译工具链，本书所使用的硬件平台对应的编译器是 arm - none - linux - gnueabi - gcc。之前的文件操作，多线程和进程间通信等应用程序，使用 arm - none - linux - gnueabi - gcc 编译后，就可在本书所使用的硬件平台上运行。

1. Linux 交叉开发环境简介

由于嵌入式系统不是通用的计算机系统，所以嵌入式系统通常是个硬件资源受到限制的系统。在嵌入式系统的应用当中，一个很重要的问题是体积问题。大部分的嵌入式系统没有磁盘等大容量存储设备，嵌入式系统设计不但要考虑系统的体积、重量，还要考虑系统的功耗问题，所以，不可能直接安装发行版的 Linux 系统。另外，系统资源的有限性也使开发者不能直接在嵌入式系统的硬件平台上编写软件。

目前，解决这个问题的办法是采用交叉开发模型。交叉开发模型主要思想是，首先在宿主机（Host）上安装开发工具，编辑、编译目标板（Target）的 Linux 引导程序、内核和文件系统，然后下载到目标板上运行。通常这种在宿主机环境下开发、在目标机上运行的开发模式叫做交叉开发。交叉开发模型如图 8-2 所示。

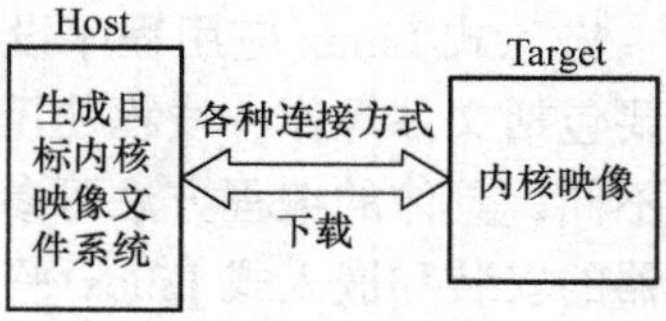
Host
生成目标内核映像文件系统
各种连接方式
下载
Target
内核映像

图 8-2　交叉开发模型

2. 交叉编译工具链安装

将 Exynos4412 处理器所对应的 Linux 交叉编译工具链安装到宿主机 Linux 的/usr/local/toolchain 目录下，如图 8-3 所示。

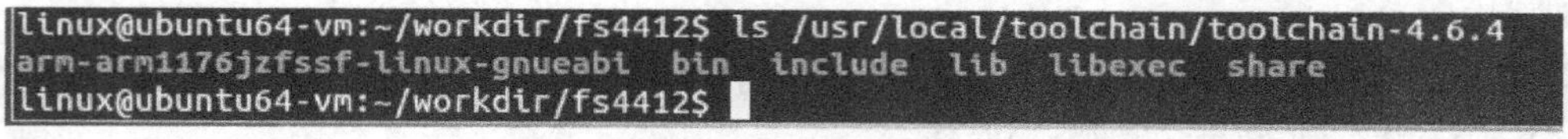
linux@ubuntu64-vm:~/workdir/fs4412$ ls /usr/local/toolchain/toolchain-4.6.4
arm-arm1176jzfssf-linux-gnueabi bin include lib libexec share
linux@ubuntu64-vm:~/workdir/fs4412$

图 8-3　安装交叉编译工具链

一般情况下，当输入一个 Linux 命令，可以直接执行相应功能，是因为这些命令所在的路径包含在了用户的环境变量中。为了方便使用，通常也将交叉工具链添加到环境变量中。

使用 vim 编辑器，修改文件 ~/. bashrc，添加一行代码到文件的末尾：

```
export PATH = $PATH:/usr/local/toolchain/toolchain -4. 4. 6/bin/
```

采用命令 vi ~/. bashrc，打开 . bashrc 文件，添加后的内容如图 8-4 所示。

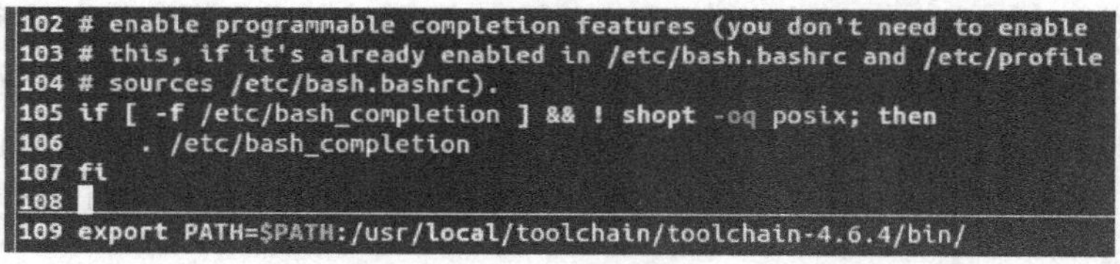
102 # enable programmable completion features (you don't need to enable
103 # this, if it's already enabled in /etc/bash.bashrc and /etc/profile
104 # sources /etc/bash.bashrc).
105 if [-f /etc/bash_completion] && ! shopt -oq posix; then
106   . /etc/bash_completion
107 fi
108
109 export PATH=$PATH:/usr/local/toolchain/toolchain-4.6.4/bin/

图 8-4　添加后的内容

然后使用命令

```
source ~/. bashrc
```

重新配置环境变量。工具链的测试，可采用命令

```
arm - none - linux - gnueabi - gcc  - v
```

交叉编译器的版本信息如图 8-5 所示。

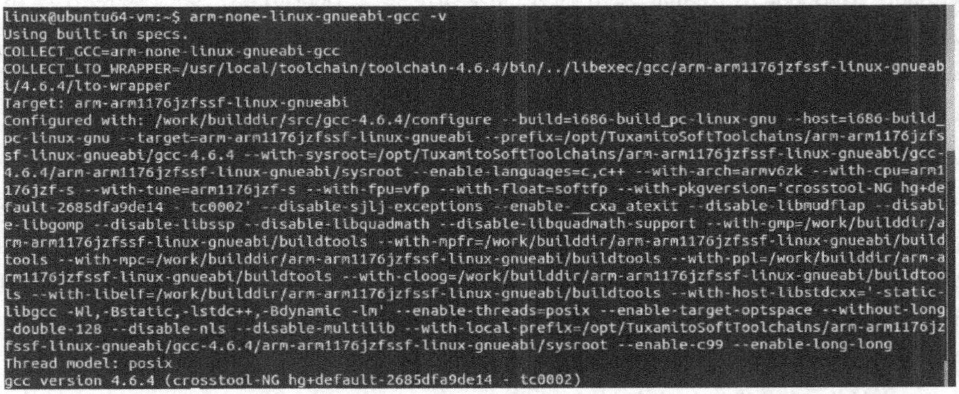

图 8-5　交叉编译器的版本信息

8.1.2　嵌入式 Linux 引导程序 BootLoader 的配置和编译

要在嵌入式系统的开发板上运行嵌入式 Linux，必须首先编译生成与开发板相对应的引导程序 BootLoader，并将 BootLoader 存放于开发板的存储器启动位置，让 BootLoader 上电复位后运行。

1. 引导程序 BootLoader 简介

引导加载程序 BootLoader 是系统上电后运行的第一段代码。人们熟悉的 PC 中的引导程序一般由 BIOS 和位于硬盘 MBR（主引导记录）中的 OS BootLoader 一起组成。然而，在嵌入式系统中通常没有像 BIOS 那样的固件程序，因此整个系统的加载启动任务就完全由 BootLoader 来完成。

每种不同的 CPU 体系结构都有不同的 BootLoader，有些 BootLoader 也支持多种体系结构的 CPU。BootLoader 除了依赖于不同的 CPU 系统结构之外，同时也依赖于具体的嵌入式系统板级设备的配置，也就是说，对于两个不同的嵌入式系统开发板，即使它们是基于同一种 CPU，要想让运行在一块板子上的 BootLoader 也能运行在另一块板子上，通常也都需要修改 BoorLoader 的源代码。因此，建立一个适用所有嵌入式系统平台的 BootLoader 几乎是不可能的，尽管如此，所有的 BootLoader 通常都包含以下 4 个方面的功能：

- 初始化硬件：初始化 CPU 时钟、内存管理、中断、GPIO 和 UART 等。
- 启动 Linux：这是 BootLoader 最重要的功能，它将内核映像复制到 SDRAM 中，设置内核的启动参数，并跳到内核入口处执行内核代码。
- 下载映像：将 BootLoader、Kernel、Filesystem 的映像文件从宿主机下载到目标板的 SDRAM 中，下载的方式可使用宿主机与目标板通信方式中的任何一种，比如以太网、串口、并口、JTAG、USB 等，这也是 BootLoader 设计中最主要的工作。
- 存储器管理：实现对目标板中固态存储器擦除（erase）、烧写（write）、读取（read）以及锁定（lock）和解锁（unlock）等功能。

2. 常用的嵌入式 BootLoader

通常 BootLoader 的设计都是针对特定的目标板从开源代码中选择一个比较合适的 Boot-

Loader 来移植，当前在嵌入式 Linux 中应用得比较广泛的开源 BootLoader 主要有以下几种：

Redboot：Redboot 是 Redhat 公司随 eCos 发布的一个 Boot 方案，它支持的处理器架构有 ARM、MIPS、PowerPC、X86 等。它可以使用 X – modem 或 Y – modem 协议经由串口下载映像文件，也可以由以太网口通过 BOOTP/DHCP 服务器获取 IP 参数，使用 TFTP 方式下载映像文件。Redboot 是标准的嵌入式调试和引导解决方案，支持几乎所有的处理器架构以及大量的外围硬件电路。

U – Boot：U – Boot 是从 ARMboot 发展而来的，它支持的处理器架构包括 PowerPC、ARM、MIPS 等。除了串口和以太网下载映像文件外，U – Boot 还支持多种启动 Linux 的方式，比如从 FLASH 启动、从 PCMCIA 设备启动、从 USB 设备启动等。同时支持包括 JFSS2 在内的多个文件系统。U – Boot 的完整功能性，使其针对特定嵌入式系统的移植和升级维护变得十分方便。

Blob：支持包括下载映像文件、引导 Linux 等 BootLoader 常用的基本功能。Blob 功能齐全，代码较少，比较适合做修改移植，常被移植用来加载 uCLinux。

3. 编译生成 BootLoader 映像文件

本书所使用的 FS4412 硬件平台对应的 Linux 引导程序 BootLoader 采用的是 u – boot，其对应的源代码压缩包是 u – boot – 2010. 03 – FS4412_v4. tar. xz，将其复制到工作目录/home/linux/workdir/fs4412，并解压缩生成 u – boot – 2010. 03 – FS4412 文件夹。可使用解压缩命令

　　tar xvf u – boot – 2010. 03 – FS4412_v4. tar. xz

如图 8-6 所示。

```
linux@ubuntu64-vm:~/workdir/fs4412$ ls
linux-3.0-fs4412_v8                u-boot-2010.03-FS4412
linux-3.0-fs4412_v8.1.tar.xz       u-boot-2010.03-FS4412_v4.tar.xz
```

图 8-6　解压缩命令

对于 U – Boot 来说，对其配置主要修改的是相关平台的配置文件，对于 FS4412 硬件平台，配置文件为源代码目录下的 include/configs/fs4412. h 文件。可通过 vim 编辑器，查看或修改相关配置，如图 8-7 所示。

由于要编译成目标板能执行的 u – boot，需要按照之前安装交叉工具链，来修改交叉工具链的路径。使用命令 vim Makefile，打开 Makefile，并修改 162 行的 CROSS_ COMPILE 宏定义为

CROSS _ COMPILE ＝/usr/local/toolchain/toolchain – 4. 6. 4/bin/arm – none – linux – gnueabi –

如图 8-8 所示。

执行编译脚本 build_ uboot. sh 编译 U – Boot，采用命令 . / build_ uboot. sh，如图 8-9 所示。

如编译成功，则在当前目录下生成的 u – boot – fs4412. bin 即为编译生成的 u – boot 二进制映像文件，如图 8-10 所示。可将 u – boot – fs4412. bin 映像文件存放到目标硬件系统的存储器中作为引导程序 BootLoader 使用。

```
linux@ubuntu64-vm: ~/workdir/fs4412/u-boot-2010.03-FS4412
44 #define SMDK4412_ID                0xE4412000
45 #define SMDK4412_AP11_ID           0xE4412211 //mj
46 #define SMDK4412_AP10_ID           0xE4412210 //mj
47
48
49 /*
50  * SECURE BOOT
51  * */
52 //#define CONFIG_SECURE
53
54 #ifdef CONFIG_SECURE
55
56 /* BL1 size */
57 #ifdef CONFIG_EVT1
58 #define CONFIG_SECURE_BL1_SIZE          0x2000
59 #define CONFIG_SECURE_BL1_ONLY
60 //#define CONFIG_SECURE_BOOT              /* Signed Kernel, RFS */
61 #else
include/configs/fs4412.h                              49,1              6%
```

图 8-7   通过 vim 编辑器查看或修改相关配置

```
153 ifndef CROSS_COMPILE
154 ifeq ($(HOSTARCH),$(ARCH))
155 CROSS_COMPILE =
156 else
157 ifeq ($(ARCH),ppc)
158 CROSS_COMPILE = ppc_8xx-
159 endif
160 ifeq ($(ARCH),arm)
161 #CROSS_COMPILE = arm-linux-
162 CROSS_COMPILE = /usr/local/toolchain/toolchain-4.6.4/bin/arm-none-linux-gnueabi-
163 endif
```

图 8-8   修改宏定义

```
linux@ubuntu64-vm:~/workdir/fs4412/u-boot-2010.03-FS4412$ ls
api                             CREDITS        libfdt           lib_sparc      README
board                           disk           lib_generic      MAINTAINERS    readme.fs4412
build_uboot.sh                  doc            lib_i386         MAKEALL        rules.mk
CHANGELOG                       drivers        lib_m68k         Makefile       sdfuse
CHANGELOG-before-U-Boot-1.1.5   examples       lib_microblaze   mkconfig       sdfuse_q
CodeSign4SecureBoot             fs             lib_mips         mkuboot.sh     tags
common                          include        lib_nios         nand_spl       tc4_cmm.cmm
config.mk                       lib_arm        lib_nios2        net            tools
COPYING                         lib_avr32      lib_ppc          onenand_ipl
cpu                             lib_blackfin   lib_sh           post
linux@ubuntu64-vm:~/workdir/fs4412/u-boot-2010.03-FS4412$ ./build_uboot.sh
```

图 8-9   编译 U-Boot

```
linux@ubuntu64-vm:~/workdir/fs4412/u-boot-2010.03-FS4412$ ls
api                             examples       lib_ppc          rules.mk
board                           fs             lib_sh           sdfuse
build_uboot.sh                  include        lib_sparc        sdfuse_q
CHANGELOG                       lib_arm        MAINTAINERS      System.map
CHANGELOG-before-U-Boot-1.1.5   lib_avr32      MAKEALL          tags
CodeSign4SecureBoot             lib_blackfin   Makefile         tc4_cmm.cmm
common                          libfdt         mkconfig         tools
config.mk                       lib_generic    mkuboot.sh       u-boot
COPYING                         lib_i386       nand_spl         u-boot.bin
cpu                             lib_m68k       net              u-boot-fs4412.bin
CREDITS                         lib_microblaze onenand_ipl      u-boot.lds
disk                            lib_mips       post             u-boot.map
doc                             lib_nios       README           u-boot.srec
drivers                         lib_nios2      readme.fs4412
```

图 8-10   编译结果

8. 1. 3　嵌入式 Linux 系统内核的配置和编译

在嵌入式 Linux 的使用中，由于硬件变动或软件系统的改动，经常要根据需要，修改 Linux 内核的配置，或者往 Linux 内核中添加静态驱动。因此通常需要对 Linux 内核进行适当配置，并编译生成新的 Linux 内核映像文件，然后重新烧录存放到目标板的存储器中。

1. Linux 内核源代码简介

Linux 内核是 Linux 操作系统的核心，也是整个 Linux 功能的体现。它用 C 语言编写，符合 POSIX 标准。Linux 最早由芬兰黑客 Linus Torvalds 为尝试在英特尔 X86 架构上提供免费的类 Unix 操作系统而开发。现在的 Linux 是一个一体化内核（Monolithic Kernel）系统。设备驱动程序可以完全访问硬件。Linux 内的设备驱动程序可以方便地以模块化（Modularize）的形式设置，并在系统运行期间可直接装载或卸载。

Linux 内核主要功能包括进程管理、内存管理、文件管理、设备管理、网络管理等。

1）进程管理：进程是在计算机系统中资源分配的最小单元。内核负责创建和销毁进程，而且由调度程序采取合适的调度策略，实现进程之间合理且实时的处理器资源共享，从而内核的进程管理活动实现了多个进程在一个或多个处理器上的抽象。内核还负责实现不同进程之间、进程和其他部件之间的通信。

2）内存管理：内存是计算机系统中最主要的资源。内核使得多个进程安全而合理地共享内存资源，为每个进程在有限的物理资源上建立一个虚拟地址空间。内存管理部分代码可以分为硬件无关部分和硬件有关部分：硬件无关部分实现进程和内存之间的地址映射等功能；硬件有关部分实现不同体系结构上的内存管理相关功能并为内存管理提供硬件无关的虚拟接口。

3）文件管理：在 Linux 系统中的任何一个概念几乎都可以看作一个文件。内核在非结构化的硬件之上建立了一个结构化的虚拟文件系统，隐藏了各种硬件的具体细节，从而在整个系统的几乎所有机制中使用文件的抽象。Linux 在不同物理介质或虚拟结构上支持数十种文件系统。例如，Linux 支持磁盘的标准文件系统 ext3 和虚拟的特殊文件系统。

4）设备管理：Linux 系统中几乎每个系统操作最终都映射到一个或多个物理设备上。除了处理器、内存等少数的硬件资源之外，任何一种设备控制操作都由设备特定的驱动代码来进行。内核中必须提供系统中可能要操作的每一种外设的驱动。

5）网络管理：内核支持各种网络标准协议和网络设备。网络管理部分可分为网络协议栈和网络设备驱动程序。网络协议栈负责每种可能的网络传输协议（TCP/IP 协议等）；网络设备驱动程序负责与各种网络硬件设备或虚拟设备进行通信。

Linux 内核源代码非常庞大，随着版本的发展不断增加。它使用目录树结构，并且使用 Makefile 组织配置编译。

顶层目录的 Makefile 是整个内核配置编译的核心文件，负责组织目录树中子目录的编译管理，还可以设置体系结构和版本号等。内核源代码的顶层有许多子目录，分别组织存放各种内核子系统或者文件。具体目录说明见表 8-1。

表 8-1　内核源代码顶层目录

目录名	包含的文件
Arch/	体系结构相关的代码，如 arch/i386、arch/arm、arch/ppc
crypto	常用加密和散列算法（如 AES、SHA 等），以及一些压缩和 CRC 检验算法
drivers/	各种设备驱动程序，例如，drivers/char、drivers/block、…
documentation/	内核文档
fs/	文件系统，例如，fs/ext3、fs/jffs2、…
include/	内核头文件：include/asm 是体系结构相关的头文件，它是 include/asm-arm、include/asm-i386 等目录的链接。include/linux 是 Linux 内核基本的头文件
init/	Linux 初始化，如 main.c
ipc/	进程间通信的代码
kernel/	Linux 内核核心代码（这部分比较小）
lib/	各种库子程序，如 zlib、crc32
mm/	内存管理代码
net/	网络支持代码，主要是网络协议
sound	声音驱动的支持
scripts/	内部或者外部使用的脚本
usr/	用户的代码

2. Linux 内核的配置与编译

FS4412 开发平台对应的内核源代码压缩包为 linux‑3.0‑fs4412_ v8.1.tar.xz，复制到工作目录，解压缩生成 linux‑3.0‑fs4412_ v8 源代码文件夹。可采用解压缩命令

tar xvf linux‑3.0‑fs4412_v8.1.tar.xz

如图 8‑11 所示。

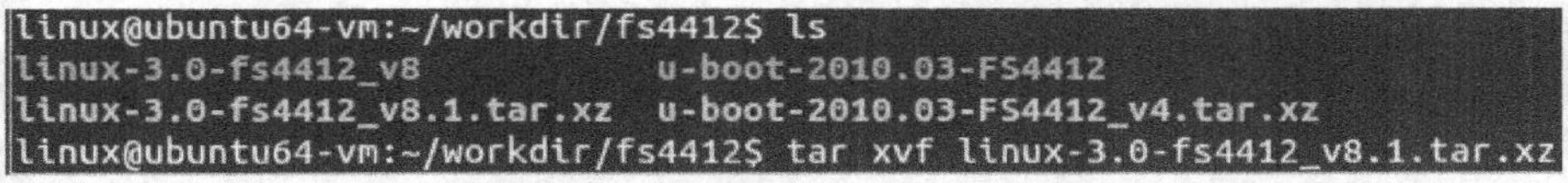

图 8-11　解压缩内核源代码压缩包

进入到内核的源代码路径下，修改编译脚本 Makefile 中交叉工具链的路径。可采用 vim Makefile 打开 Makefile 进行编辑，如图 8-12 所示。

Linux 内核通常使用 menuconfig 图形界面配置内核编译选项，配置更改的内容会保存在内核源码目录下的 .config 文件中。首先复制 FS4412 开发平台的标准配置文件为 .config，可采用命令：

cp arch/arm/configs/ts4412_v8_deconfig.config

可采用如下命令可以进入到 Linux 内核配置图形界面，如图 8-13 所示。

make menuconfig

```
187 # CROSS_COMPILE can be set on the command line
188 # make CROSS_COMPILE=ia64-linux-
189 # Alternatively CROSS_COMPILE can be set in the environment.
190 # A third alternative is to store a setting in .config so that plain
191 # "make" in the configured kernel build directory always uses that.
192 # Default value for CROSS_COMPILE is not to prefix executables
193 # Note: Some architectures assign CROSS_COMPILE in their arch/*/Makefile
194 export KBUILD_BUILDHOST := $(SUBARCH)
195 ARCH          ?= arm
196 #CROSS_COMPILE     ?= arm-none-linux-gnueabi-
197 #CROSS_COMPILE     ?= $(CONFIG_CROSS_COMPILE:"%"=%)
198 CROSS_COMPILE     ?= /usr/local/toolchain/toolchain-4.6.4/bin/arm-none-linux-gnueabi-
199
200 # Architecture as present in compile.h
201 UTS_MACHINE       := $(ARCH)
202 SRCARCH           := $(ARCH)
203
204 # Additional ARCH settings for x86
Makefile [+]                                                      198,1            11%
```

图 8-12　修改交叉工具链路径

```
linux@ubuntu64-vm:~/workdir/fs4412/linux-3.0-fs4412_v8$ ls
arch                 crypto           init      MAINTAINERS      REPORTING-BUGS   usr
binary               Documentation    ipc       Makefile         samples          virt
block                drivers          Kbuild    mm               scripts
config_fs4412_android_v8   firmware   Kconfig   Module.symvers   security
COPYING              fs               kernel    net              sound
CREDITS              include          lib       README           tools
linux@ubuntu64-vm:~/workdir/fs4412/linux-3.0-fs4412_v8$ make menuconfig
```

```
.config - Linux/arm 3.0.15 Kernel Configuration
                              File systems
    Arrow keys navigate the menu. <Enter> selects submenus --->. Highlighted
    letters are hotkeys. Pressing <Y> includes, <N> excludes, <M> modularizes
    features. Press <Esc><Esc> to exit, <?> for Help, </> for Search. Legend: [*]
    built-in [ ] excluded <M> module  < > module capable

        <*> Second extended fs support
        [ ]     Ext2 extended attributes
        [ ]     Ext2 execute in place support
        < > Ext3 journalling file system support
        <*> The Extended 4 (ext4) filesystem
        [*] Use ext4 for ext2/ext3 file systems


                <Select>     < Exit >    < Help >
```

图 8-13　Linux 内核配置图形界面

　　menuconfig 菜单使用【Enter】键进入下级菜单；使用【Space】键选中或者清除选项；使用【?】查看此菜单的帮助文件，使用连击【ESC】两次后退至上级菜单。

　　配置好源代码后，可以采用编译命令

　　make zImage – j4

进行编译，编译成功则生成的内核二进制映像文件 zImage，存放在 arch/arm/boot/ 目录下。之后，就可将新的 Linux 内核映像 zImage，烧录存放到目标板的存储器中运行。

8.1.4　嵌入式 Linux 根文件系统设置

嵌入式 Linux 操作系统的运行必须有根文件系统。在根文件中，包含了常用的应用程序和库文件，以及系统的初始化环境配置等批处理命令。本书中嵌入式 Linux 开发环境的搭建采用的是 NFS 方式。FS4412 开发板通过 NFS 挂载放在主机（PC）上的根文件系统，此时在主机文件系统中进行的操作同步反映在开发板上；反之，在开发板上进行的操作同步反映在主机中的根文件系统上。其他根文件系统的挂接方式，包括将根文件系统存在 MMC 卡中，以及存储在开发板的 NAND FLASH 中等方式，感兴趣的读者可参考相应文献进行学习实践。

1. Linux 文件系统简介

文件系统，是指文件命名、存储和组织的总体结构，是包括了所有的硬盘分区、目录、存储设备和文件的集合体，是操作系统的重要组成部分和功能之一。一般来说，被当作外设的软盘、光盘和其他存储介质等都必须添加到文件系统本身才能使用。因此，从本质上看，用户个人的一切工作就是对文件系统的操作，嵌入式文件系统也是一样。

Linux 内核在系统启动时的操作之一就是加载根文件系统。根文件系统中存放了嵌入式系统使用的所有应用程序、库及一些需要用到的服务。Linux 文件系统呈树形结构，而 Windows 文件系统引入了与 C 盘、D 盘类似的磁盘概念，使用 Linux 时可以加以区别。

在嵌入式系统比较常用的文件系统主要有 EXT 文件系统、NFS 文件系统和 JFFS2 文件系统。

1）EXT 文件系统：EXT 文件系统包含两个版本：Extfs 和 Ext2fs，Ext2fs 是 Linux 的标准文件系统，它已经取代了扩展文件系统（Extfs）。Ext2fs 具有如下一些优点：

- 支持达 4TB 的内存。
- 文件名称最长可以到 1012 个字符。
- 在创建文件系统时，管理员可以根据需要选择存储逻辑块的大小（通常大小可选择 1024、2048 和 4096 字节）。
- 可以实现快速符号链接，不需为符号链接分配数据块，并且可将目标名称直接存储在索引节点（inode）表中。这使文件系统的性能有所提高，特别在访问速度上。

由于 Ext2fs 文件系统的稳定性、可靠性和健壮性，所以几乎在所有基于 Linux 的系统（包括台式机、服务器和工作站甚至一些嵌入式设备）上都使用 Ext2fs 文件系统。

2）NFS 文件系统：NFS 文件系统由 SUN 公司开发，并于 1984 年推出。NFS 文件系统能够使文件实现共享，它的设计是为了在不同的系统之间使用，所以 NFS 文件系统的通信协议设计与操作系统无关。当使用者想使用远端文件时只要用 mount 命令就可以把远端文件系统挂载在自己的文件系统上，使远端的文件在使用上和本地机器的文件没有区别。

3）JFFS2 文件系统：JFFS 文件系统是瑞典 Axis 通信公司开发的一种基于 FLASH 的日志文件系统，它在设计时充分考虑了 FLASH 的读写特性和电池供电的嵌入式系统的特点。在这类系统中必须确保在读取文件时，如果系统突然掉电，其文件的可靠性不受到影响。JFFS2 是通过对 Red Hat 的 DavieWoodhouse 改进后形成的。它主要改善了存取策略以提高 FLASH 的抗疲劳性，同时也优化了碎片整理性能，增加了数据压缩功能。需要注意的是，当文件系统已满或接近满时，JFFS2 会大大放慢运行速度。这是因为垃圾收集的问题。相对于 Ext2fs 而言，JFFS2 在嵌入式设备中更受欢迎。JFFS2 文件系统通常用来当作嵌入式系统的文件系统。JFFS2 克服了 JFFS 的一些缺点，具有以下优势：

- 使用了基于哈希表的日志节点结构，大大加快了对节点的操作速度。
- 支持数据压缩。
- 提供了"写平衡"支持。
- 支持多种节点类型。
- 提高了对闪存的利用率，降低了内存的消耗。

只需要在嵌入式 Linux 中加入 JFFS2 文件系统并做少量的改动，就可以使用 JFFS2 文件系统。通过 JFFS2 文件系统，可以用 FLASH 存储器来保存数据，即将 FLASH 存储器作为系统的硬盘来使用。可以像操作硬盘上的文件一样操作 FLASH 芯片上的文件和数据。同时系统运行的参数可以实时保存到 FLASH 存储器芯片中，在系统断电后数据不会丢失。作为一种 EEPROM，FLASH 可分为 NOR FLASH 和 NAND FLASH 两种主要类型。一片没有使用过的 FLASH 存储器，每一位的值都是逻辑 1，对 FLASH 的写操作就是将特定位的逻辑 1 改变为逻辑 0，而擦除就是将逻辑 0 改变为逻辑 1。FLASH 的数据存储是以块（Block）为单位进行组织，所以 FLASH 在进行擦除操作时只能进行整块擦除。FLASH 的使用寿命是以擦除次数进行计算，一般是每块 100000 次。为了保证 FLASH 存储芯片的某些块不早于其他块达到其寿命，有必要在所有块中尽可能地平均分配擦除次数，这就是"损耗平衡"。JFFS2 文件系统是一种"追加式"的文件系统，新的数据总是被追加到上次写入数据的后面，这种"追加式"的结构就自然实现了"损耗平衡"。

2. NFS 根文件系统设置

进行嵌入式 Linux 开发时，采用 NFS 启动根文件系统就是一种非常快捷的开发方式。NFS 根文件系统，实现目标开发板通过网络存取位于服务器磁盘中根文件系统，也就是说嵌入式 Linux 运行的文件是存放在 PC 的 Linux 操作系统下，嵌入式 Linux 通过网络挂接的方式，将 PC Linux 上的文件系统挂接为嵌入式 Linux 的根文件系统。使用 NFS 根文件系统，程序代码的编写和编译是在 PC Linux 上进行的，程序的运行和调试可以直接在目标开发板的嵌入式 Linux 中运行，不需要程序下载烧写的过程。本书所用开发板的 NFS 根文件系统设置方法如下：

复制 rootfs. tar. xz2 文件到/source 目录下，如图 8-14 所示。

cp /mnt/hgfs/share/rootfs. tar. xz /source/

图 8-14　复制文件

解压文件系统目录，采用指令如下，如图 8-15 所示。

cd /source

tar xvf rootfs.tar.xz

启动开发板，在倒计时结束前，按任意键停止在 Uboot 处，串口终端显示如图 8-16 所示。

修改开发板环境变量，设置主机的 IP 地址和开发板 IP 地址，并保存环境变量，可以在

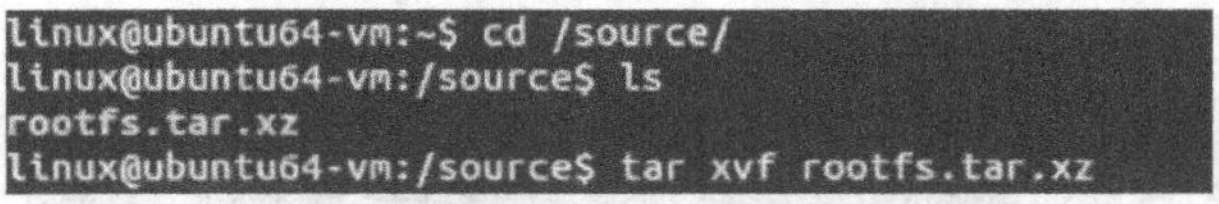

图 8-15　解压文件系统目录

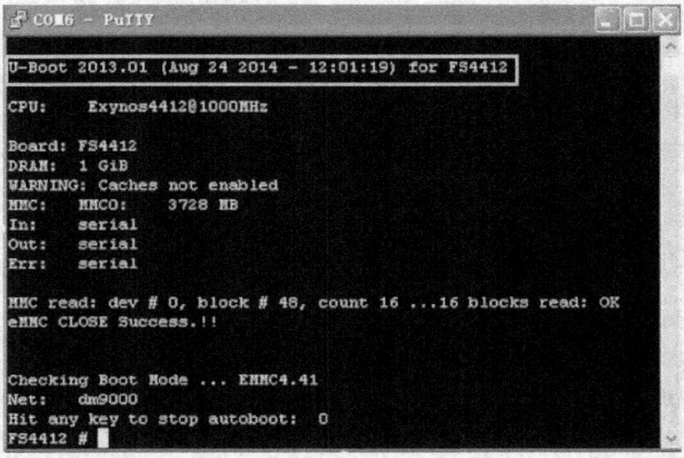

图 8-16　串口终端显示

终端下输入命令：

setenv serverip 192. 168. 100. 192

setenv ipaddr 192. 168. 100. 191

saveenv

可以采用 print 命令，查看设置完成之后的环境变量，如图 8-17 所示。

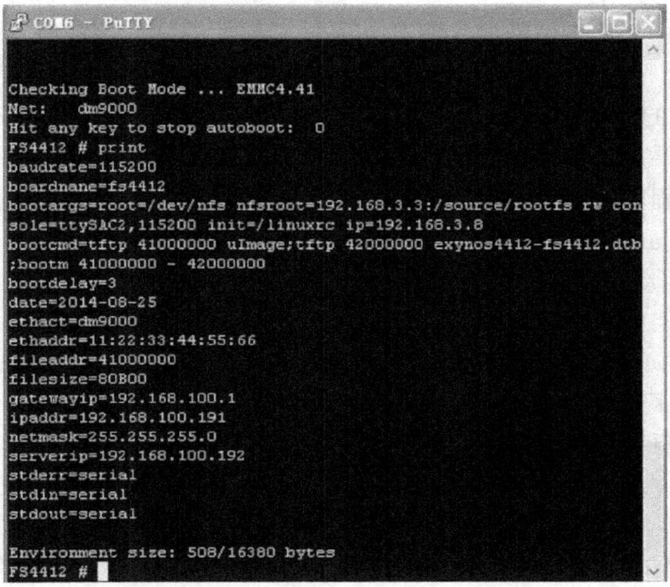

图 8-17　环境变量

设置完成之后，重新启动开发板，查看运行结果。如图 8-18 所示。

```
boardname=fs4412
bootargs=root=/dev/nfs nfsroot=192.168.3.3:/source/rootfs rw con
sole=ttySAC2,115200 init=/linuxrc ip=192.168.3.8
bootcmd=tftp 41000000 uImage;tftp 42000000 exynos4412-fs4412.dtb
;bootm 41000000 - 42000000
bootdelay=3
date=2014-08-25
ethact=dm9000
ethaddr=11:22:33:44:55:66
fileaddr=41000000
filesize=80B00
gatewayip=192.168.100.1
ipaddr=192.168.100.191
netmask=255.255.255.0
serverip=192.168.100.192
stderr=serial
stdin=serial
stdout=serial

Environment size: 508/16380 bytes
FS4412 # ping 192.168.100.192
dm9000 i/o: 0x5000000, id: 0x90000a46
DM9000: running in 16 bit mode
MAC: 11:22:33:44:55:66
operating at 100M full duplex mode
Using dm9000 device
host 192.168.100.192 is alive
FS4412 #
```

图 8-18　设置完成之后的运行结果

8.2　嵌入式 Linux LED 驱动程序开发

在嵌入式系统中，对于硬件的控制都是通过对部件的特殊功能寄存器的读写来实现，本节通过一个实例，来介绍在嵌入式 Linux 驱动程序设计中，是如何读写部件的特殊功能寄存器以实现对 LED 的控制。其中，LED 的控制方法以及读写的寄存器和不带操作系统部件编程是一样的。如果用户程序要实现对硬件的控制，必须通过读写驱动程序关联的设备文件，从而调用驱动程序对应的文件操作函数，来控制部件的特殊功能寄存器，以实现对部件的控制。嵌入式 Linux LED 的驱动程序主要开发测试内容如下。

1）编写设备驱动程序，将 LED 部件寄存器级别的控制过程，拆分编入 Linux 驱动程序设计的文件操作框架中。

2）将设计好的 LED 驱动程序文件操作框架结构体（struct file_ operations）注册进内核，并与 LED 驱动程序申请的主设备号相关联。

3）编译 LED 驱动程序。

4）根据 Linux 内核分配给 LED 驱动程序的主设备号，在嵌入式 Linux 的设备文件目录（/dev/）下，创建 LED 驱动程序对应的设备文件。

5）编写和编译 LED 驱动程序的测试应用程序，并安装 LED 驱动程序，通过应用程序来测试 LED 驱动程序。

8.2.1 LED 驱动程序设计相关函数

1. 部件控制寄存器的虚拟地址映射

在嵌入式 Linux 操作系统中，内核对于存储控制的访问，一般使用的虚拟地址，所以在对部件进行控制时，可以通过查询技术手册来获取部件对应特殊功能寄存器的物理地址，为了在驱动程序读写特殊功能寄存器，必须通过 ioremap 函数来获取对应特殊功能寄存器的虚拟地址。相应的取消虚拟地址映射函数为 iounmap

（1）虚拟地址映射函数 ioremap

物理地址和虚拟地址之间需要使用 ioremap 函数进行映射。将物理地址映射成虚拟地址之后，对虚拟地址操作就相当于对物理地址进行操作，也就是直接对寄存器进行操作。

void * ioremap(unsigned long phys_addr, unsigned long size);

phys_ addr：要映射的起始的 I/O 地址。

size：要映射的空间的大小。

（2）取消映射函数 iounmap

void iounmap(void * addr)

addr：映射后得到的虚拟地址。

2. 驱动设备号的获取

（1）设备号分配函数 register_ chrdev_ region

每一种驱动都有唯一的主设备号，驱动程序为了获得自己的设备号，可以向内核申请，采用 register_ chrdev_ region 注册一组设备编号。

int register_chrdev_region(dev_t first, unsigned int count, char * name);

first 表示要分配的起始设备编号，first 的次设备编号部分常常是 0，可以采用 MKDEV 函数将主设备号和次设备号转换成 dev_t 类型。函数形式为：MKDEV(int major, int minor)，其中 major 为主设备号，minor 为次设备号，成功执行返回 dev_t 类型的设备编号。

count 表示请求的连续设备编号的总数；name 表示连接到这个编号范围的设备的名字，它会出现在 /proc/devices 和 sysfs 中。

如果分配成功进行，register_ chrdev_ region 的返回值是 0，出错的情况下，返回一个负的错误码。

（2）释放原先申请的设备号 unregister_ chrdev_ region

void unregister_chrdev_region(dev_t first, unsigned int count);

first 为第一个设备号，count 为申请的设备数量。

3. 将编写的设备驱动注册进内核

内核中每个字符设备都对应一个 cdev 结构的变量，它的定义如下：

```
struct cdev {
struct kobject kobj; //每个 cdev 都是一个 kobject
```

```
    struct module  * owner; // 指向实现驱动的模块
    const struct file_operations * ops; // 操纵这个字符设备文件的方法
    struct list_head list; //与 cdev 对应的字符设备文件的 inode -> i_devices 的链表头
    dev_t dev; // 起始设备编号
    unsigned int count; // 设备范围号大小
};
```

需要采用 cdev_init 函数对其进行初始化，采用 cdev_add 函数将 cdev 和设备号关联，并将其注册进内核。通过 cdev_del 函数将其从内核删除。

（1）字符驱动设备结构体初始化函数 cdev_init

```
void cdev_init( struct cdev * cdev, const struct file_operations * fops);
```

cdev 为驱动中定义 struct cdev 结构体，fops 为实体化的字符设备文件 struct file_operations 结构体，即字符型驱动的设备文件的操作方法。

（2）添加一个字符设备到系统中函数 cdev_add

```
int cdev_add( struct cdev * p, dev_t dev, unsigned count);
```

p 为通过 cdev_init（ ）初始化的 struct cdev 结构体指针，dev 为设备号结构体。count 是应该和该设备关联的设备编号的数量，count 经常取 1。

（3）将一个指定的字符设备从系统中删除函数 cdev_del

```
void cdev_del( struct cdev  * p);
```

p 为经 cdev_add 注册进系统的 struct cdev 结构体指针。

8.2.2　LED 驱动程序设计

1. LED 驱动开发电路原理

电路原理如图 8-19 所示，LED2 ~ LED5 分别与 GPX2_7、GPX1_0、GPF3_4、GPF3_5 相连，通过 GPX2_7、GPX1_0、GPF3_4、GPF3_5 引脚的高低电平来控制晶体管的导通性，从而控制 LED 的亮灭。当这几个引脚输出高电平时 LED 点亮；反之，LED 熄灭。

2. 驱动程序代码设计

驱动程序的源代码文件包括 fs4412_led. c 和 fs4412_led. h。其中驱动程序的文件操作函数框架为：

```
struct file_operations fs4412_led_fops = {
    . owner = THIS_MODULE,
    . open = fs4412_led_open,
    . release = fs4412_led_release,
    . unlocked_ioctl = fs4412_led_unlocked_ioctl,
};
```

也就是说，当用户程序 open 本驱动设备文件时，将调用 fs4412_led_open 函数；当用户

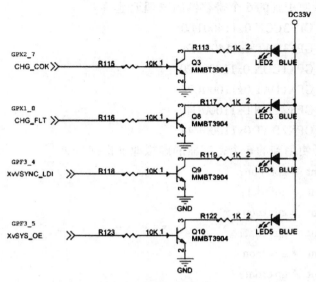

图 8-19 电路原理

程序 close 本驱动设备文件时,将调用 fs4412_led_release 函数;当用户程序 ioctl 本驱动设备文件时,将调用 fs4412_led_unlocked_ioctl 函数。通过在这三个函数中操作部件的特殊功能寄存器,实现用户程序控制部件的目的。其中的驱动程序安装和卸载分别调用 fs4412_led_init 和 fs4412_led_exit 函数,对应驱动程序代码为:

```
module_init(fs4412_led_init);
module_exit(fs4412_led_exit);
```

在 fs4412_led_init 中,将编写好的驱动程序框架结构体 fs4412_led_fops 注册进内核,并和驱动程序的设备号关联在一起。

fs4412_led_ioremap 函数将所用到的 LED 相关的特殊功能寄存器映射到虚拟空间,fs4412_led_iounremap 函数解除映射。LED 的功能相关寄存器的含义及使用方法和7.1 节中的 LED 控制完全一样,只不过驱动程序中是使用 readl 和 writel 来读写寄存器。程序代码如下:

```
/* fs4412_led. c */
#include < linux/kernel. h >
#include < linux/module. h >
#include < linux/fs. h >
#include < linux/cdev. h >
#include < asm/io. h >
#include < asm/uaccess. h >
#include "fs4412_led. h"
MODULE_LICENSE("Dual BSD/GPL");
#define LED_MA 500
#define LED_MI 0
#define LED_NUM 1
```

```
/* LED 控制所使用到的 6 个寄存器的物理地址 */
#define FS4412_GPF3CON 0x114001E0
#define FS4412_GPF3DAT 0x114001E4
#define FS4412_GPX1CON 0x11000C20
#define FS4412_GPX1DAT 0x11000C24
#define FS4412_GPX2CON 0x11000C40
#define FS4412_GPX2DAT 0x11000C44
/* LED 控制所使用到的 6 个寄存器的虚拟地址指针 */
static unsigned int * gpf3con;
static unsigned int * gpf3dat;
static unsigned int * gpx1con;
static unsigned int * gpx1dat;
static unsigned int * gpx2con;
static unsigned int * gpx2dat;
struct cdev cdev;//字符设备驱动结构体
//led 开灯控制子函数
void fs4412_led_on( int nr)
{
    switch( nr) {
        case 1:
            writel( readl( gpx2dat) | 1 << 7, gpx2dat);
            break;
        case 2:
            writel( readl( gpx1dat) | 1 << 0, gpx1dat);
            break;
        case 3:
            writel( readl( gpf3dat) | 1 << 4, gpf3dat);
            break;
        case 4:
            writel( readl( gpf3dat) | 1 << 5, gpf3dat);
            break;
    }
}
//led 关灯控制子函数
void fs4412_led_off( int nr)
{
    switch( nr) {
        case 1:
            writel( readl( gpx2dat) & ~ (1 << 7), gpx2dat);
```

```
                break;
            case 2:
                writel(readl(gpx1dat) & ~(1 << 0), gpx1dat);
                break;
            case 3:
                writel(readl(gpf3dat) & ~(1 << 4), gpf3dat);
                break;
            case 4:
                writel(readl(gpf3dat) & ~(1 << 5), gpf3dat);
                break;
        }
}
//应用程序 open 设备文件,调用该函数
static int fs4412_led_open(struct inode * inode, struct file * file)
{
    return 0;
}
//应用程序 close 设备文件,调用该函数
static int fs4412_led_release(struct inode * inode, struct file * file)
{
    return 0;
}
//应用程序 ioctl 设备文件,调用该函数
static long fs4412_led_unlocked_ioctl(struct file * file, unsigned int cmd, unsigned long arg)
{
    int nr;
    if(copy_from_user((void *)&nr, (void *)arg, sizeof(nr)))
        return -EFAULT;
    if (nr < 1 || nr > 4)
        return -EINVAL;
    switch (cmd) {
        case LED_ON:
        fs4412_led_on(nr);
        break;
    case LED_OFF:
        fs4412_led_off(nr);
        break;
    default:
        printk("Invalid argument");
```

```
            return  - EINVAL;
        }
        return 0;
    }
/* 将寄存器物理地址映射成虚拟地址子函数 */
int fs4412_led_ioremap(void)
{
    int ret;
    gpf3con = ioremap(FS4412_GPF3CON, 4);
    if(gpf3con  ==  NULL) {
        printk("ioremap gpf3con\n");
        ret = - ENOMEM;
        return ret;
    }
    gpf3dat = ioremap(FS4412_GPF3DAT, 4);
    if(gpf3dat  ==  NULL) {
        printk("ioremap gpx2dat\n");
        ret = - ENOMEM;
        return ret;
    }
    gpx1con = ioremap(FS4412_GPX1CON, 4);
    if(gpx1con  ==  NULL) {
        printk("ioremap gpx2con\n");
        ret = - ENOMEM;
        return ret;
    }

    gpx1dat = ioremap(FS4412_GPX1DAT, 4);
    if(gpx1dat  ==  NULL) {
        printk("ioremap gpx2dat\n");
        ret = - ENOMEM;
        return ret;
    }
    gpx2con = ioremap(FS4412_GPX2CON, 4);
    if(gpx2con  ==  NULL) {
        printk("ioremap gpx2con\n");
        ret = - ENOMEM;
        return ret;
    }
```

```c
    gpx2dat = ioremap(FS4412_GPX2DAT, 4);
    if (gpx2dat == NULL) {
        printk("ioremap gpx2dat\n");
        ret = - ENOMEM;
        return ret;
    }
    return 0;
}
/* 虚拟地址解除映射子函数 */
void fs4412_led_iounmap(void)
{
    iounmap(gpf3con);
    iounmap(gpf3dat);
    iounmap(gpx1con);
    iounmap(gpx1dat);
    iounmap(gpx2con);
    iounmap(gpx2dat);
}
//LED 端口初始化
void fs4412_led_io_init(void)
{
    writel((readl(gpf3con) & ~(0xff << 16)) | (0x11 << 16), gpf3con);
    writel(readl(gpx2dat) & ~(0x3 << 4), gpf3dat);
    writel((readl(gpx1con) & ~(0xf << 0)) | (0x1 << 0), gpx1con);
    writel(readl(gpx1dat) & ~(0x1 << 0), gpx1dat);
    writel((readl(gpx2con) & ~(0xf << 28)) | (0x1 << 28), gpx2con);
    writel(readl(gpx2dat) & ~(0x1 << 7), gpx2dat);
}
/* 驱动程序文件操作框架实体化 */
struct file_operations fs4412_led_fops = {
    . owner = THIS_MODULE,
    . open = fs4412_led_open,
    . release = fs4412_led_release,
    . unlocked_ioctl = fs4412_led_unlocked_ioctl,
};
/* 驱动程序安装成功调用此函数 */
static int fs4412_led_init(void)
{
    dev_t devno = MKDEV(LED_MA, LED_MI);
```

```
    int ret;
    ret = register_chrdev_region(devno, LED_NUM, "newled");
    if (ret < 0) {
        printk("register_chrdev_region\n");
        return ret;
    }
    cdev_init(&cdev, &fs4412_led_fops);
    cdev. owner = THIS_MODULE;
    ret = cdev_add(&cdev, devno, LED_NUM);
    if (ret < 0) {
        printk("cdev_add\n");
        goto err1;
    }
    ret = fs4412_led_ioremap();
    if (ret < 0)
        goto err2;
    fs4412_led_io_init();
    printk("Led init\n");
    return 0;
err2:
    cdev_del(&cdev);
err1:
    unregister_chrdev_region(devno, LED_NUM);
    return ret;
}
/* 驱动程序卸载调用此函数 */
static void fs4412_led_exit(void)
{
    dev_t devno = MKDEV(LED_MA, LED_MI);
    fs4412_led_iounmap();
    cdev_del(&cdev);
    unregister_chrdev_region(devno, LED_NUM);
    printk("Led exit\n");
}
module_init(fs4412_led_init);
module_exit(fs4412_led_exit);
```

头文件:fs4412_led. h
#ifndef FS4412_LED_HH

```
#define FS4412_LED_HH
#define LED_MAGIC 'L'
#define LED_ON    _IOW(LED_MAGIC, 0, int)
#define LED_OFF   _IOW(LED_MAGIC, 1, int)
#endif
```

8.2.3 驱动程序编译

驱动程序的 Makefile 文件内容如下，其中内核目录 KERNELDIR 的定义，根据具体的内核源代码位置来设定。

```
/* Makefile */
ifeq ( $(KERNELRELEASE),)
KERNELDIR ? =/home/linux/workdir/fs4412/linux-3.0-fs4412_v8
#KERNELDIR ? = /lib/modules/ $(shell uname -r)/build
PWD := $(shell pwd)
modules:
  $(MAKE) -C $(KERNELDIR) M= $(PWD)
modules_install:
  $(MAKE) -C $(KERNELDIR) M= $(PWD) modules_install
clean:
  rm -rf *.o * ~ core .depend .*.cmd *.ko *.mod.c .tmp_versions Module* modules*
.PHONY: modules modules_install clean
else
    obj-m := fs4412_led.o
endif
```

在驱动程序源代码下执行 make 命令，编译生成驱动文件 fs4412_ led.ko，如图 8-20 所示。

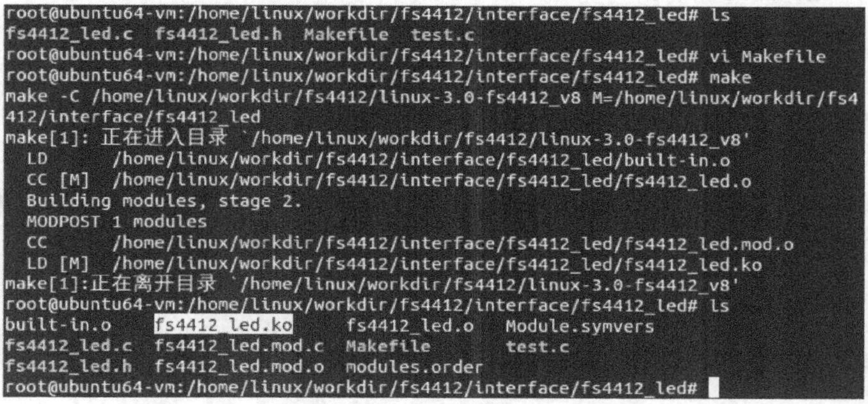

```
root@ubuntu64-vm:/home/linux/workdir/fs4412/interface/fs4412_led# ls
fs4412_led.c  fs4412_led.h  Makefile  test.c
root@ubuntu64-vm:/home/linux/workdir/fs4412/interface/fs4412_led# vi Makefile
root@ubuntu64-vm:/home/linux/workdir/fs4412/interface/fs4412_led# make
make -C /home/linux/workdir/fs4412/linux-3.0-fs4412_v8 M=/home/linux/workdir/fs4412/interface/fs4412_led
make[1]: 正在进入目录 `/home/linux/workdir/fs4412/linux-3.0-fs4412_v8'
  LD      /home/linux/workdir/fs4412/interface/fs4412_led/built-in.o
  CC [M]  /home/linux/workdir/fs4412/interface/fs4412_led/fs4412_led.o
  Building modules, stage 2.
  MODPOST 1 modules
  CC      /home/linux/workdir/fs4412/interface/fs4412_led/fs4412_led.mod.o
  LD [M]  /home/linux/workdir/fs4412/interface/fs4412_led/fs4412_led.ko
make[1]:正在离开目录 `/home/linux/workdir/fs4412/linux-3.0-fs4412_v8'
root@ubuntu64-vm:/home/linux/workdir/fs4412/interface/fs4412_led# ls
built-in.o    fs4412_led.ko     fs4412_led.o  Module.symvers
fs4412_led.c  fs4412_led.mod.c  Makefile      test.c
fs4412_led.h  fs4412_led.mod.o  modules.order
root@ubuntu64-vm:/home/linux/workdir/fs4412/interface/fs4412_led#
```

图 8-20　编译生成驱动文件

8.2.4 测试应用程序设计

测试应用程序源代码文件为 test. c，通过 open 函数打开 LED 驱动的设备文件/dev/led，来调用相应的驱动程序打开函数，并获得文件句柄；通过 ioctl 函数来调用驱动的 LED 控制函数，来控制 LED 的亮和灭。程序代码如下：

```c
/ * test. c */
#include < stdio. h >
#include < fcntl. h >
#include < unistd. h >
#include < stdlib. h >
#include < sys/ioctl. h >
#include "fs4412_led. h"
int main( int argc, char * * argv)
{
    int fd;
    int i = 1;
    fd = open( "/dev/led", O_RDWR);//打开设备文件
    if ( fd < 0) {
        perror( "open");
        exit(1);
    }
    while(1)
    {
        ioctl( fd, LED_ON, &i); //控制 LED 开
        usleep(500000);
        ioctl( fd, LED_OFF, &i); //控制 LED 关
        usleep(500000);
        if( + +i == 5)
            i = 1;
    }
    return 0;
}
```

由于测试程序是运行在 FS4412 开发板上的 Linux 操作系统下，所以测试应用程序的编译必须采用 arm – none – linux – gnueabi – gcc 编译器。编译命令为：

arm – none – linux – gnueabi – gcc   – o test test. c

编译生成可以在 FS4412 目标板上运行的测试程序 test。

8.2.5　驱动程序测试

将编译好的驱动程序文件 fs4412_led. ko 和测试应用程序 test 复制到 FS4412 目标板上，在 Linux 的串口调试终端可以查看存在的文件。如图 8-21 所示。

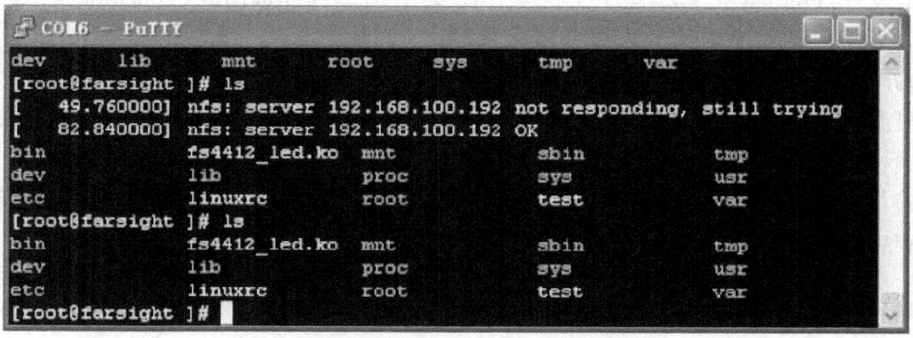

图 8-21　串口调试终端查看存在的文件

使用命令 insmod fs4412_led. ko 安装驱动程序，并使用 mknod /dev/led c 500 0 命令创建和驱动程序关联的设备文件。最后运行 test 测试程序查看测试结果。如图 8-22 所示。命令如下：

insmod fs4412_led. ko

mknod /dev/led c 500 0

. /test

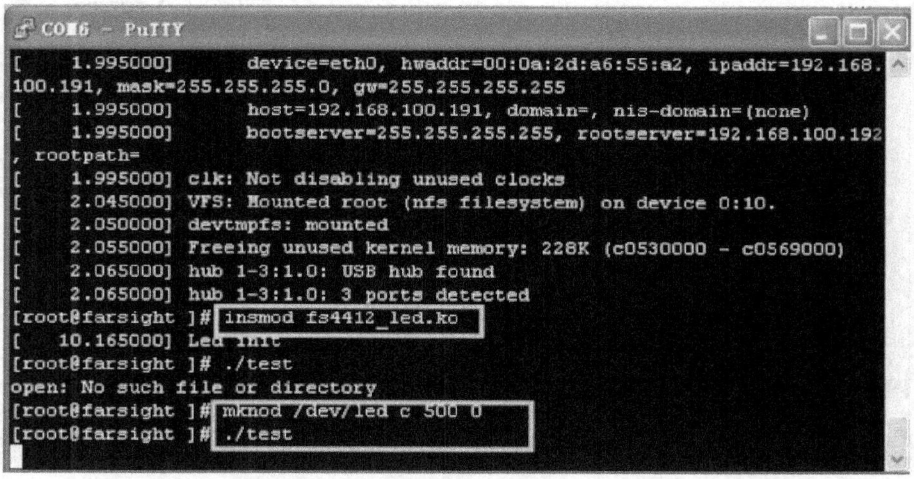

图 8-22　查看测试结果

8.3　PWM 驱动程序开发设计实例

PWM 驱动程序的开发流程和 LED 驱动程序开发流程一样，只不过 PWM 驱动程序控制的是 PWM 部件相关的特殊功能寄存器。本例通过 PWM 的测试应用程序，向 PWM 驱动程序输入音乐旋律，让 PWM 控制蜂鸣器发出设定的音调。嵌入式 Linux PWM 驱动程序的主要开发测试内容如下：

1）编写设备驱动程序，将 PWM 部件寄存器级别的控制过程，拆分编入 Linux 驱动程序设计的文件操作框架中。

2）将设计好的 PWM 驱动程序文件操作框架结构体（struct file_ operations）注册进内核，并与 PWM 驱动程序申请的主设备号相关联。

3）编译 PWM 驱动程序。

4）根据 Linux 内核分配给 PWM 驱动程序的主设备号，在嵌入式 Linux 的设备文件目录（/dev/）下，创建 PWM 驱动程序对应的设备文件。

5）编写和编译 PWM 驱动程序的测试应用程序。并安装 PWM 驱动程序，通过应用程序来测试 PWM 驱动程序。

8.3.1 PWM 硬件连接原理

PWM 硬件连接原理和第 7 章 PWM 部件实例完全一样，都是通过定时器 1 的输出引脚 TOUT1（GPD0_0）和晶体管的基极相连，从而通过控制 PWM 的占空比来控制蜂鸣器的开关时间。蜂鸣器控制电路如图 8-23 所示。

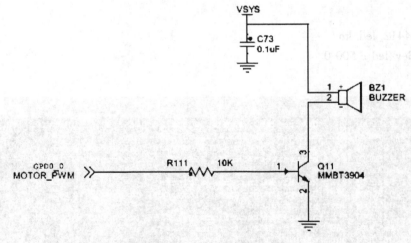

图 8-23　蜂鸣器控制电路

8.3.2 PWM 驱动源程序设计

PWM 驱动源程序的源代码文件为 fs4412_ pwm. c 和 fs4412_ pwm. h。PWM 驱动和 LED 驱动设计类似，主要在于设计 PWM 设备文件操作函数，关键的步骤有以下两个：

1）采用自己设计的 fs4412_pwm_open、fs4412_pwm_ rlease 和 fs4412_pwm_ ioctl 3 个函数，来对文件操作结构体指针进行实体化。代码如下：

```
static struct file_operations fs4412_pwm_fops = {
    . owner = THIS_MODULE,
    . open = fs4412_pwm_open,
```

. release = fs4412_pwm_rlease,
. unlocked_ioctl = fs4412_pwm_ioctl,
};

2) 在驱动程序加载时，即在 fs4412_pwm_init 函数中，将实体化的文件操作结构体 fs4412_pwm_fops 和 PWM 驱动设备号关联并注册进内核，代码如下：

cdev_init(&pwm -> cdev, &fs4412_pwm_fops);
pwm -> cdev. owner = THIS_MODULE;
ret = cdev_add(&pwm -> cdev, devno, number_of_device);

其中驱动程序加载和卸载调用的函数设置，通过以下两条代码设置。

module_init(fs4412_pwm_init);
module_exit(fs4412_pwm_exit);

驱动源代码文件 fs4412_ pwm. c 和 fs4412_ pwm. h 文件如下：

```c
/ * fs4412_pwm. c */
#include  < linux/kernel. h >
#include  < linux/module. h >
#include  < linux/fs. h >
#include  < linux/cdev. h >
#include  < linux/slab. h >
#include  < asm/io. h >
#include  < asm/uaccess. h >
#include  "fs4412_pwm. h"

MODULE_LICENSE("GPL");
//PWM 部件寄存器物理基地址和偏移量
#define TCFG0    0x00
#define TCFG1    0x04
#define TCON     0x08
#define TCNTB1       0x0C
#define TCMPB1       0x10
#define GPDCON          0x114000A0
#define TIMER_BASE    0x139D0000

static int pwm_major = 500;
static int pwm_minor = 0;
static int number_of_device = 1;

struct fs4412_pwm
```

```
    {
        unsigned int  * gpdcon;
        void __iomem  * timer_base;
        struct cdev cdev;
    };


    static struct fs4412_pwm  * pwm;
    //应用程序 open 设备文件,调用此函数
    static int fs4412_pwm_open(struct inode  * inode, struct file  * file)
    {
        writel((readl(pwm -> gpdcon) &  ~0xf) | 0x2, pwm -> gpdcon);
        writel(readl(pwm -> timer_base + TCFG0) | 0xff, pwm -> timer_base + TCFG0);
        writel((readl(pwm -> timer_base + TCFG1) &  ~0xf) | 0x2, pwm -> timer_base +
TCFG1);
        writel(300, pwm -> timer_base + TCNTB1);
        writel(150, pwm -> timer_base + TCMPB1);
        writel((readl(pwm -> timer_base + TCON) &  ~0x1f) | 0x2, pwm -> timer_base +
TCON);
        //writel((readl(pwm -> timer_base + TCON) & ~(0xf << 8)) | (0x9 << 8), pwm
-> timer_base + TCON);
        return 0;
    }


    static int fs4412_pwm_rlease(struct inode  * inode, struct file  * file)
    {
        writel(readl(pwm -> timer_base + TCON) &  ~0xf, pwm -> timer_base + TCON);
        return 0;
    }
    //PWM 控制函数,应用程序 ioctl 设备文件,调用此函数
    static long fs4412_pwm_ioctl(struct file  * file, unsigned int cmd, unsigned long arg)
    {
        int data;
        if (_IOC_TYPE(cmd)! = 'K')
            return  - ENOTTY;

        if (_IOC_NR(cmd) > 3)
            return  - ENOTTY;

        if (_IOC_DIR(cmd)  ==  _IOC_WRITE)
```

```
        if (copy_from_user(&data, (void *)arg, sizeof(data)))
            return -EFAULT;
    switch(cmd)
    {
    case PWM_ON:
        writel((readl(pwm -> timer_base + TCON) & ~0x1f) | 0x9, pwm -> timer_base
+ TCON);
        break;
    case PWM_OFF:
        writel(readl(pwm -> timer_base + TCON) & ~0x1f, pwm -> timer_base +
TCON);
        break;
    case SET_PRE:
        writel(readl(pwm -> timer_base + TCON) & ~0x1f, pwm -> timer_base +
TCON);
        writel((readl(pwm -> timer_base + TCFG0) & ~0xff) | (data & 0xff), pwm ->
timer_base + TCFG0);
        writel((readl(pwm -> timer_base + TCON) & ~0x1f) | 0x9, pwm -> timer_base
+ TCON);
        break;
    case SET_CNT:
        writel(data, pwm -> timer_base + TCNTB1);
        writel(data >> 1, pwm -> timer_base + TCMPB1);
        break;
    }
    return 0;
}
//驱动程序对应的设备文件操作函数。
static struct file_operations fs4412_pwm_fops = {
    . owner = THIS_MODULE,
    . open = fs4412_pwm_open,
    . release = fs4412_pwm_rlease,
    . unlocked_ioctl = fs4412_pwm_ioctl,
};

static int __init fs4412_pwm_init(void)
{
    int ret;
    dev_t devno = MKDEV(pwm_major, pwm_minor);
```

```
        ret = register_chrdev_region(devno, number_of_device, "pwm");
        if (ret < 0) {
            printk("faipwm : register_chrdev_region\n");
            return ret;
        }
        pwm = kmalloc(sizeof(* pwm), GFP_KERNEL);
        if (pwm == NULL) {
            ret = - ENOMEM;
            printk("faipwm: kmalloc\n");
            goto err1;
        }
        memset(pwm, 0, sizeof(* pwm));

        cdev_init(&pwm -> cdev, &fs4412_pwm_fops);
        pwm -> cdev. owner = THIS_MODULE;
        ret = cdev_add(&pwm -> cdev, devno, number_of_device);
        if (ret < 0) {
            printk("faipwm: cdev_add\n");
            goto err2;
        }
        pwm -> gpdcon = ioremap(GPDCON, 4);
        if (pwm -> gpdcon == NULL) {
            ret =- ENOMEM;
            printk("faipwm: ioremap gpdcon\n");
            goto err3;
        }
        pwm -> timer_base = ioremap(TIMER_BASE, 0x20);
        if (pwm -> timer_base == NULL) {
            ret =- ENOMEM;
            printk("failed: ioremap timer_base\n");
            goto err4;
        }
        return 0;
err4:
        iounmap(pwm -> gpdcon);
err3:
        cdev_del(&pwm -> cdev);
err2:
```

```
        kfree( pwm);
err1:
        unregister_chrdev_region( devno, number_of_device);
        return ret;
}


static void __exit fs4412_pwm_exit( void)
{
        dev_t devno = MKDEV( pwm_major, pwm_minor);
        iounmap( pwm -> timer_base);
        iounmap( pwm -> gpdcon);
        cdev_del( &pwm -> cdev);
        kfree( pwm);
        unregister_chrdev_region( devno, number_of_device);
}
        //pwm 加载和卸载函数
        module_init( fs4412_pwm_init);
        module_exit( fs4412_pwm_exit);

        / *  fs4412_pwm. h  * /
        #ifndef __FS4412_PWM_HHHH
        #define __FS4412_PWM_HHHH
        //PWM 的 4 种状态
        #define PWM_ON _IO( 'K', 0)
        #define PWM_OFF _IO( 'K', 1)
        #define SET_PRE _IOW( 'K', 2, int)
        #define SET_CNT _IOW( 'K', 3, int)
        #endif
```

8.3.3　PWM 驱动程序编译

PWM 驱动程序编译的 Makefile 文件如下，其中内核源码目录 KERNELDIR 根据具体内核代码目录来设定。

```
ifeq ( $ ( KERNELRELEASE),)
KERNELDIR ？ = /home/linux/workdir/fs4412/linux − 3. 0 − fs4412_v8
PWD : =  $ ( shell pwd)
modules：
  $ ( MAKE)  − C  $ ( KERNELDIR) M = $ ( PWD) modules
  cp  * . ko /source/rootfs
```

modules_install：

　　$（MAKE）−C $（KERNELDIR）M = $（PWD）modules_install

clean：

　　rm −rf *.o *~ core.depend.*.cmd *.ko *.mod.c.tmp_versions Module * module *

test

.PHONY：modules modules_install clean

else

　　obj−m ：= fs4412_pwm.o

endif

执行 make 编译命令，生成驱动程序动态加载文件 fs4412_pwm.ko，如图 8-24 所示。

```
linux@ubuntu64-vm:~/workdir/fs4412/interface/fs4412_pwm$ ls
fs4412_pwm.c  fs4412_pwm.h  Makefile  pwm_music.c  pwm_music.h
linux@ubuntu64-vm:~/workdir/fs4412/interface/fs4412_pwm$ make
make -C /home/linux/workdir/fs4412/linux-3.0-fs4412_v8 M=/home/linux/workd
ir/fs4412/interface/fs4412_pwm modules
make[1]: 正在进入目录 `/home/linux/workdir/fs4412/linux-3.0-fs4412_v8'
  CC [M]  /home/linux/workdir/fs4412/interface/fs4412_pwm/fs4412_pwm.o
  Building modules, stage 2.
  MODPOST 1 modules
  CC      /home/linux/workdir/fs4412/interface/fs4412_pwm/fs4412_pwm.mod.o
  LD [M]  /home/linux/workdir/fs4412/interface/fs4412_pwm/fs4412_pwm.ko
make[1]:正在离开目录 `/home/linux/workdir/fs4412/linux-3.0-fs4412_v8'
cp *.ko /source/rootfs
linux@ubuntu64-vm:~/workdir/fs4412/interface/fs4412_pwm$ ls
fs4412_pwm.c   fs4412_pwm.mod.c  Makefile         pwm_music.c
fs4412_pwm.h   fs4412_pwm.mod.o  modules.order    pwm_music.h
fs4412_pwm.ko  fs4412_pwm.o      Module.symvers
```

图 8-24　生成驱动程序动态加载文件

8.3.4　PWM 测试应用程序设计及编译

在 PWM 测试应用程序中，根据 PWM 驱动设计的 3 个文件操作 open、close 和 ioctl，操作 open、close 和 ioctl 对应的 PWM 设备文件/dev/pwm，来实现对 PWM 部件的控制。本例通过向 PWM 驱动写入固定旋律，来控制 PWM 的输出占空比，从而控制蜂鸣器输出固定的旋律。测试程序源代码文件为 pwm_music.c。程序代码如下：

```
/* pwm_music.c */
#include <stdio.h>
#include <stdlib.h>
#include <unistd.h>
#include <fcntl.h>
#include <string.h>
#include <sys/types.h>
#include <sys/stat.h>
#include <sys/ioctl.h>
#include "pwm_music.h"
```

```c
#include "fs4412_pwm. h"

int main( )
{
    int i = 0;
    int n = 2;
    int dev_fd;
    int div;
    int pre = 255;
    dev_fd = open("/dev/pwm",O_RDWR | O_NONBLOCK);//打开设备文件
    if ( dev_fd == -1 ) {
        perror("open");
        exit(1);
    }
    ioctl(dev_fd,PWM_ON);//控制 PWM 部件
    ioctl(dev_fd,SET_PRE, &pre); //控制 PWM 部件

    for(i = 0;i < sizeof(MumIsTheBestInTheWorld)/sizeof(Note);i + + )
    {
        div = (PCLK/256/4)/(MumIsTheBestInTheWorld[i].pitch);
        ioctl(dev_fd, SET_CNT, &div);//输出固定的旋律
        usleep(MumIsTheBestInTheWorld[i].dimation * 50);
    }
    return 0;
}
/ * pwm_music. h */
#ifndef __PWM_MUSIC_H
#define __PWM_MUSIC_H
#define PCLK 0x4200000
typedef struct
{
    int pitch;
    int dimation;
}Note;
//定义 D 大调,设定音调的固定值
#define DO 293
#define RE 330
#define MI 370
#define FA 349
```

```
#define SOL 440
#define LA   494
#define SI   554
#define TIME 6000
//根据音调设定旋律的固定值
Note MumIsTheBestInTheWorld[ ] = {
    //6.      //_5       //3       //5
    {LA,TIME + TIME/2}, {SOL,TIME/2}, {MI,TIME}, {SOL,TIME},
    //1^      //6_       //_5      //6 –
    {DO * 2,TIME}, {LA,TIME/2}, {SOL,TIME/2} , {LA,2 * TIME},
    // 3      //5_       //_6      //5
    {MI,TIME}, {SOL,TIME/2}, {LA,TIME/2}, {SOL,TIME},
    // 3      //1_       //_6,
    {MI,TIME}, {DO,TIME/2}, {LA/2,TIME/2},
    //5_      //3        //2 –      //2.
    {SOL,TIME/2}, {MI,TIME/2}, {RE,TIME * 2}, {RE,TIME + TIME/2},
    //_3      //5        //5_       //_6
    {MI,TIME/2}, {SOL,TIME}, {SOL,TIME/2}, {LA,TIME/2},
    // 3      //2        //1 –      //5.
    {MI,TIME}, {RE,TIME}, {DO,TIME * 2}, {SOL,TIME + TIME/2},
    //_3      //2_       //_1      //6,_
    {MI,TIME/2}, {RE,TIME/2}, {DO,TIME/2}, {LA/2,TIME/2},
    //_1      //5, – –
    {DO,TIME/2}, {SOL/2,TIME * 3}
};
#endif
```

编译 pwm_ music. c，采用编译命令：

```
arm – none – linux – gnueabi – gcc  – o pwm_music pwm_music. c
```

生成 pwm_ music 可执行文件。

8.3.5 PWM 测试

将生成的驱动程序 fs4412_ pwm. ko 和测试程序 pwm_music 复制到 FS4412 目标中，创建设备文件，运行 pwm_ music 测试程序，查看运行结果。如图 8-25 所示。对应的命令如下：

```
insmod fs4412_pwm. ko
mknod /dev/pwm c 501 0
. /pwm_music
```

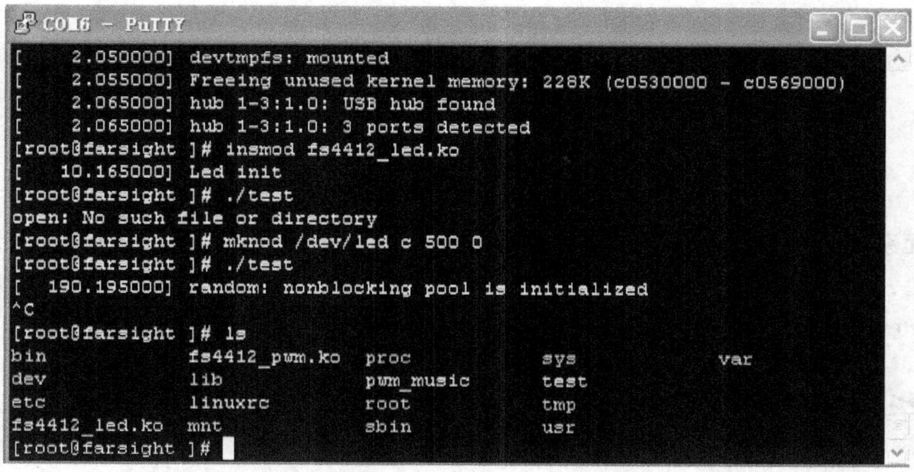

图 8-25　PWM 测试运行结果

本 章 小 结

本章介绍了嵌入式 Linux 目标平台运行环境的建立，包括交叉编译工具的安装、引导程序 BootLoader、内核和根文件系统的编译。在此基础上，通过具体的驱动程序案例，介绍了微处理器硬件部件驱动程序的基本设计思想。本章内容侧重于利用实例，培养读者对嵌入式 Linux 开发的感性认识，感兴趣的读者可以进一步阅读一些原理性的书籍，并通过具体的实践活动来深入学习嵌入式 Linux 的设计与开发。

思 考 题

1) 简述嵌入式 Linux 操作系统在开发板上运行需要生成哪些映像文件，在开发板的存储系统中如何存放。

2) 在嵌入式 Linux 下，设计一个包含 PWM 驱动程序和测试程序的部件控制案例。

第9章 系统应用案例

前面系统介绍了 Exynos4412 处理器的内部结构、程序设计以及嵌入式 Linux 的开发，在此基础上，本章根据 ARM Cortex – A 系列处理器的高性能、低功耗等特点，重点介绍基于 ARM Cortex – A 系列处理器的综合应用实例。

9.1 华为荣耀畅玩 5x 手机

2015 年 10 月，华为推出了新一代千元智能手机荣耀畅玩 5x，面世后便以其一体式金属机身的外观、优良的性能以及全网通、一指解锁和三卡槽等极具亮点的设计赢得了一致好评。本节将从手机的硬件结构与其所搭载的处理器等方面对荣耀畅玩 5x 进行介绍。

9.1.1 硬件结构

一般来说，一部智能手机的硬件部分包括：中央处理器、显示屏、摄像头、话筒、扬声器、麦克风、耳机、存储器、SIM 卡、电源、传感器、射频芯片以及其他一些硬件，其硬件结构如图 9-1 所示。

在智能手机的硬件结构中，中央处理器（CPU）、内存是手机的核心硬件。CPU 相当于手机的大脑，具有核心的运算能力，一个强劲的 CPU 可以为手机带来更高的运算能力，本次荣耀 5x 手机采用高通推出的骁龙 615 处理器，9.1.3 节将会对其进行具体介绍。手机内存分为 ROM 和 RAM，ROM 是只读存储器，用来存储和保存永久数据的，手机关闭电源后其内的信息仍旧保存，一般用它存储固定的手机系统软件和字库等；RAM 是运行内存，手机关闭电源后其内部的信息将不再保存，再次开机需要重新装入，通常用来存放手机各种正在运行的软件、输入和输出数据，荣耀 5x 高配版内存可达到 3G RAM 和 16G ROM，对于荣耀 5x 手机的其他技术指标将在 9.1.2 节进行介绍。

9.1.2 荣耀畅玩 5x 手机的技术指标

荣耀畅玩 5x 的技术指标如下：

1）5.5 英寸 1080p 电容屏。

2）EMUI 3.1（兼容 Android 5.1）操作系统。

3）高通 64 位骁龙 615 八核处理器。

4）四大核 1.5GHz + 四小核 1.2GHz 主频。

5）Adreno 405 GPU。

6）移动 4G（TD – LTE）/联通 4G（TD – LTE/LTE FDD）/电信 4G（TD – LTE/LTE FDD）。

7）移动 3G（TD – SCDMA）/联通 3G（WCDMA）/电信 3G（CDMA EVDO）。

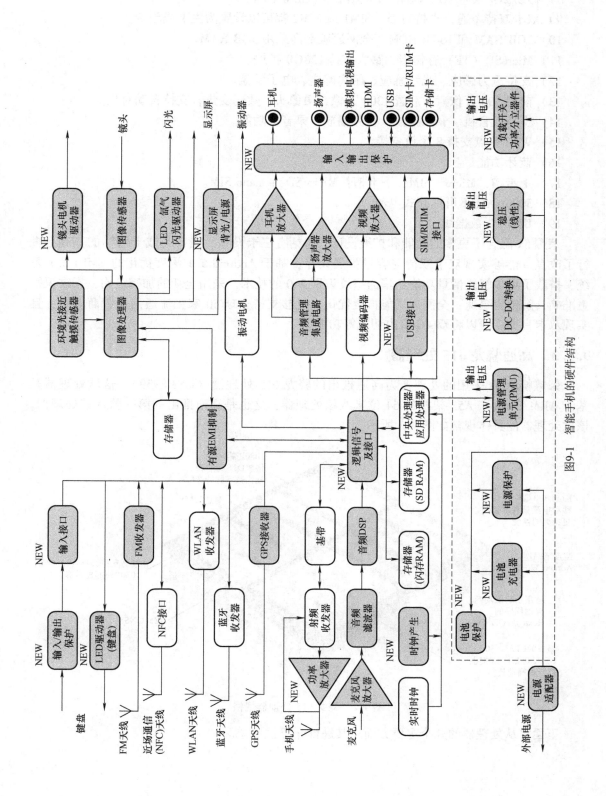

图9-1 智能手机的硬件结构

8）移动2G/联通2G（GSM）/电信2G（CDMA 1X）。

9）双卡双待单通，支持盲插，SIM1或SIM2都可以设置为主卡或副卡。

10）3GB RAM和16GB ROM，全网通版最高采用3GB RAM。

11）MicroSD（TF）存储卡，最大支持128GB扩展。

12）支持重力感应、光线感应、距离感应、电子罗盘。

13）前置500万像素 + 后置1300万像素摄像头，数码变焦，支持自动对焦。

14）支持收音机、音乐播放、视频播放、录音等功能。

15）WiFi热点支持8个设备接入。

16）蓝牙功能。

17）上卡槽：Micro - SIM；下卡槽：Micro SD + nano SIM。

18）3000mAH不可拆卸式电池。

19）USB2.0数据线。

荣耀5x融合了更多的功能和扩展设计，包括有三卡设计，在"与或卡槽"的基础上进行了改良，能够实现双卡双待与容量扩展共存；基于Android 5.1深度优化的EMUI 3.1系统，搭载了更多智能情景功能；华为指纹识别2.0的技术，采用全新的加密结构，指纹识别更准确，解锁更迅速；全网通功能再次优化，能够支持全球50家主流通信运营商网络，且实现双卡盲插，可以将双4G自由切换等功能。

9.1.3　高通骁龙615处理器

荣耀畅玩5x采用的处理器为高通推出的骁龙615处理器（MSM8939），这款处理器是基于ARM Cortex - A53架构的64位真八核处理器，这也是高通推出的第一款八核处理器。该款处理器的具体规格如图9-2所示。

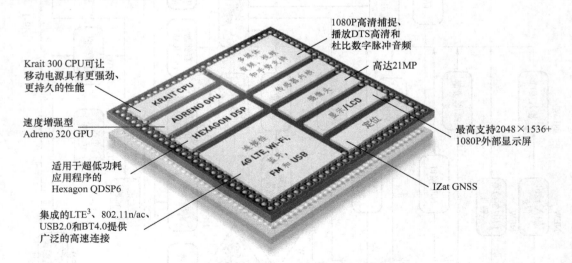

图9-2　骁龙615处理器规格

下面将从处理器的几个主要方面对其进行介绍：

1. 64位处理器

作为一款64位的处理器，其第一特点就是处理速度快，一次能够处理8个字节的数据，而32位处理器一次能够处理4个字节的数据。理论上来讲，64位的处理器比32位的处理器快一倍，但在实际使用中并不能达到这样的处理速度，基本上能提升30%左右。

并且，64位的处理器在系统对内存的控制上有更加明显的优势，能够解决32位计算系统运行效率所遇到的瓶颈现象。同时，64位处理器也需要64位系统与软件的配合才能实现性能的升级，但目前大部分软件都是基于32位系统开发的，所以芯片厂商在底层对芯片进行了修补和优化，使得64位芯片具有兼容的功能。

2. ARM Cortex - A53 架构

骁龙615处理器采用了ARM Cortex - A53架构，基于最新的ARMv8指令集，能够实现性能与功效之间的平衡，支持ARM AArch64 64位指令集，并向下兼容ARM AArch32 32位指令集，内核数量可以1~4个。它集成了NEON SIMD引擎、ARM CoreSight多核心调试与追踪模块、128-bitAMBA ACE一致性总线界面，支持40位的虚拟物理寻址，一级缓存每个内核具有8~64KB数据缓存、8~64KB指令缓存，二级缓存共享128KB~2MB缓存，架构如图9-3所示，详细资料请参考ARM官网。

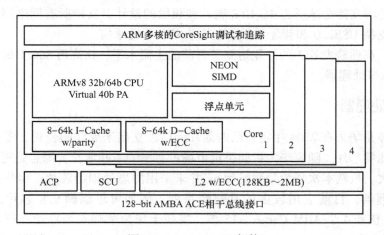

图9-3 Cortex - A53 架构

如图9-3所示，NEON SIMD引擎对于智能机等多媒体有着重要的改善作用，因此有必要对其进行简单介绍。NEON技术是ARM Cortex - A系列处理器的128位SIMD（单指令，多数据）架构扩展，旨在为消费性多媒体应用程序提供灵活、强大的加速功能，其可加速多媒体和信号处理算法（如视频编码/解码、2D/3D图形、游戏、音频和语音处理、图像处理技术、电话和声音合成），能够显著改善用户体验。

3. 八核心

骁龙615采用了八核ARM Cortex - A53架构（四个1.5 GHz内核 + 四个1.2 GHz内核），可以看作是"双四核心"，内部是两个四核心簇组成的，其一针对低功耗优化，其二适合高性能操作。这样的高效率核心和低功耗核心的混合设计，能够更好地控制功耗和发热，可为当前高端移动设备带来更优化的性能与功耗平衡。

4. 4G LTE

骁龙615的调制解调器能够处理4G LTE速度（4G是指下一代移动通信技术标准，其实现技术称作LTE）。LTE是4G通信技术，引入了正交频分复用和多输入多输出等关键技术，其网络架构更加扁平化简单化，减少了网络节点和系统复杂度，从而减小了系统延时，也降低了网络部署和维护成本。

5. Adreno 405 GPU

GPU（Graphics Processing Unit）即图形处理器。骁龙615采用高通的Adreno 405图形处理器，该处理器在规格上兼容DirectX 11.2和Open GL ES3.0，并对OpenCL规格提供了完善支持。其可支持高达2560×1600的WQXGA分辨率，在相机传感器方面，能够巧妙地处理最高2100万像素。经过性能测试，Adreno 405的图形性能表现出色，且3D性能十分抢眼。

除此之外，在视频播放能力上，骁龙615使用H264（AVC）和H265（HEVC）编解码器，能够处理60fps的1080p分辨率视频；在充电方面，采用高通Quick Charge 2.0快速充电技术，其充电速度可达标准充电器的175%；在内存方面，支持800MHZ内存频率的节能型第三代内存条；采用高通RF360前端解决方案，针对蜂窝网络射频段不统一的问题，实现了单个移动终端支持全球所有4G LTE制式和频段的设计，支持所有网络制式并支持4G/3G/2G频段；支持USB2.0和蓝牙4.0，并支持NFC近场通信。

经过测试，高通骁龙615的性能达到了目前的主流水平，比高通800要好一些，直逼联发科MT6595八核处理器。

9.1.4　海思处理器

海思半导体是华为在2004年将自己的晶片部门独立出来成立的公司，专门研发供自家手机使用的处理器芯片。随着华为智能手机市场占有率的不断增长，海思处理器的市场占有率也在不断扩大。虽然本次华为荣耀畅玩5x并未采用海思处理器芯片，但华为的很多手机都搭载海思处理器，目前应用较多的是麒麟系列，例如海思麒麟928芯片，其基于4个ARM Cortex A7核和4个ARM Cortex A15核，搭载于华为荣耀6至尊版；超八核海思麒麟925芯片是基于4个ARM Cortex A7核和4个ARM Cortex A15核，搭载于华为mate7、荣耀6Plus；海思四核麒麟910芯片基于4个Cortex A9核，搭载于华为P7等。

9.2　网络机顶盒

网络机顶盒是基于普通机顶盒的基础上开发的一个具有网络功能的产品。网络机顶盒除了可以像普通机顶盒一样收看数字电视频道外，还能实现点播等功能，给用户的体验感很强，大有代替数字机顶盒的趋势。本节将介绍网络机顶盒的基本功能和结构。

9.2.1　功能

1）能指示用户室内设备、CATV网络和节目资源的状态；能利用用户电视屏幕显示服务公司及信息提供者发出的消息和菜单。

2）将用户的选择信息传送到服务中心或信息提供者。

3）能向用户提供基本的终端控制功能，如在选择收看视频点播（VOD）节目时，能进行快进、快倒、暂停和记录等 VCR 所具有的功能。

4）具有双向通信能力，能实现电视购物、远程教学和 VOD 等。

5）能与家用电脑相连。

6）能进行信号传输、调制和解调，能处理 ATM 协议。

7）能监控公用设备，进行信号传输性能的遥测和反馈。

9.2.2 原理结构

具有开放结构的中国电信宽带互联网视听业务（ITV）的机顶盒是一种结构简单、成本低的设备。它由一个廉价的微处理器控制特制的 VLSI 芯片提供上述功能，并完成查询、响应路由选择、解码、解压缩以及处理事物和控制等各项工作。网络机顶盒主要由微处理器、数字调制器、异步传输模式（Asynchronous Transfer Mode，ATM）、处理单元（ADSL 接口）、图像解压缩器、音频解压缩器、NTSC/PAL/SECAM 解码器、RGB 编码器、远程控制接口、只读存储器（ROM）、随机存储器（RAM）和扩展接口等组成。其基本结构如图 9-4 所示。

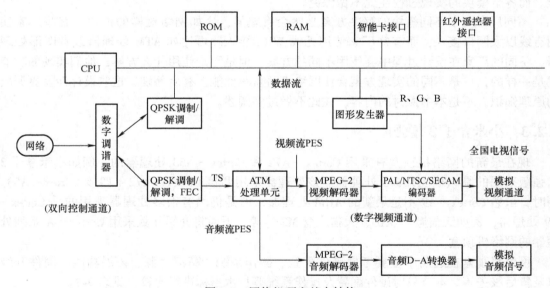

图 9-4　网络机顶盒基本结构

机顶盒不仅仅是一只调谐器，而且还是一个视频服务器的远程控制单元。通过 ATM 网络系统，机顶盒与视频服务器相连，并与视频服务器进行双向、全双工的数字通信。其工作流程如下：

1）控制系统或系统微处理器是机顶盒的核心。它从只读存储器中读取启动所需的自举程序，将程序和数据存储在随机存储器中。通过系统总线的传送，微处理器能将有关功能模块有机地结合，完成整个系统的功能。

2）数字调谐器接收微处理器发出的指令，获取信号传输所需的频率、带宽、调制方式及解码所需的数字信息。由此产生的数字式数字流包括多个程序或线程，经过初级处理后，再传送给 ATM 处理装置。

3）当 ATM 处理器接收到从数字调谐器传来的多组数据后，便可以控制这些数据信息，选择相应的数据包。例如，微处理器可以指示 ATM 处理器只选择一个带有确定的虚拟或实地址的数据包，而舍弃所有其他的数据包。特定的虚拟或实地址将与特定的节目相连。

4）ATM 处理器将所选择的数据分为视频流、音频流和数据流 3 种。视频流送给图像解压缩器进行处理，音频流送给音频解压缩器进行处理，数据流送给控制系统。同时，ATM 处理器还收集传输中的有关错误状态，并在需要时，将此信息传给控制系统，以便与端头器联络修改事项。

5）开放式图像解压缩器是一个专门设计的可编程数字图像处理芯片。它用于图像处理的一些基本的固定算法，并能从控制系统接收特殊的图像解压缩算法。当 ATM 处理器传来的数字信息进入图像解压缩器后，就可以使用固件，将以前压缩的视频进行解压缩。然后，将解压缩后的视频数据传送给 NTSC/PAL/SECAM 解码器。同理，音频解压缩器也能从控制系统接收到解压缩算法。从 ATM 处理器接收的被压缩的声音数据经过解压缩后，即可变成调制或未调制的立体声信号，再传送给电视。

本节旨在讲解网络机顶盒的共性，方便读者理解网络机顶盒的内部工作模式以及原理架构。通过阅读本节，读者可在宏观上掌握机顶盒的设计原理，理解各个模块的作用和功能。而各个模块的实现过程在此不做深究。

不同厂家对于不同模块的解决方案必然会有差异，比如网络这样的模块，有些厂家使用有线以太网口接入，而有些厂家使用无线 WIFI 接入。再比如 ATM 处理器或者图形处理器，不同的厂家在设计过程中会使用不同的方案，但是无论使用什么方案，他们实现的功能都是一样的，只是不同的实现方案会使网络机顶盒在性能上有所差别，这些设计涉及更深层的原理知识，不是本书探讨的内容，在此不做过多阐述。

9.2.3　小米盒子 3 增强版

现在最新的网络机顶盒有采用 Cortex – A72 和 Cortex – A53 处理器的，例如小米盒子 3 增强版采用的是六核 MT8693 处理器。该处理器采用两核 Cortex – A72 + 四核 Cortex – A53。同时，虽然 Cortex – A9 不是最新的 ARM 处理器，但是仍然有很多处理器采用的是 Cortex – A9 处理器，例如天猫魔盒 M10、天猫魔盒 M2 等等。下面将介绍几款采用 Cortex – A 系列处理器的网络机顶盒。

网络机顶盒在选购中主要考虑硬件配置、操作系统、高清片源、拓展功能、固件升级以及售后服务等。本节只对硬件配置及操作系统等技术指标进行比较，见表 9-1。

表 9-1　网络机顶盒的技术指标

性能 \ 名称	天猫魔盒 M2	天猫魔盒 M10	小米盒子 3	小米盒子 3 增强版
处理器	Cortex – A9 四核 2GHz	Cortex – A9 四核 2GHz	Cortex – A53 四核 2GHz	Cortex – A72 + Cortex – A53 六核 2GHz
操作系统	YunOS 2.0	YunOS 2.4	Android 5.0	Android 5.1
内存	1G	1G	1G	2G
闪存	8G	8G	4G	8G
分辨率	4K	1080P	4K	4K

当前生产网络机顶盒的厂家很多，不同的厂家采用不同的处理器，但是基于 ARM 核的处理器相对较多。对于不同的网络机顶盒在性能测评或者跑分软件跑分中可能相差较大，即使采用相同版本 ARM 核的机顶盒在性能方面也可能存在差异。而对于画面的清晰度以及流畅程度等方面的性能，同时还与采用的操作系统和 GPU 有关，所以 CPU 也并非评价网络机顶盒的唯一指标。在操作系统方面，用户需要考虑系统的流畅度以及软件支持等方面的因素。

小米盒子 3 增强版如图 9-5 所示。从图中不难看出小米盒子 3 增强版的设计比较简单。除了整体体积比较小方便携带以外，接口数量也很少，用户很容易上手使用。小米盒子 3 增强版提供了 4 个接口，分别是 2 个 USB2.0 的接口，一个 HDMI 接口和一个电源接口。

USB2.0 接口方便用户接入硬盘、手机、摄像机等 USB 接口设备实现数据共享，通过小米盒子在电视机上观看本地视频、照片以及收听音乐等。

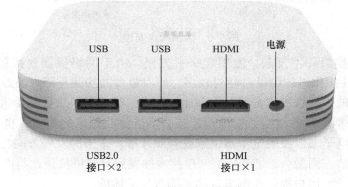

图 9-5　小米盒子 3 增强版

HDMI 的英文全称是 High Definition Multimedia Interface，中文名称是高清晰度多媒体接口。HDMI 接口是一种数字化视频/音频接口技术，是适合影像传输的专用型数字化接口，可同时传送音频和影像信号，最高数据传输速度为 4.5GB/s。HDMI 接口技术不仅可以满足 1080P 的分辨率，还能支持 DVD Audio 等数字音频格式，支持八声道 96kHz 或立体声 192kHz 数码音频传送，可以传送无压缩的音频信号及视频信号。通过该接口向用户输出高清视频。

小米盒子 3 增强版的电源接口的规格参数为 100 ~ 240V，50/60Hz，12V 输入，1.2A 输出。

小米盒子 3 增强版与小米盒子 3 除了硬件配置上的区别之外，在接口上也略有区别，小米盒子 3 除了 USB 以及 HDMI 和电源接口外还提供了一个 AV 接口。AV 接口算是出现比较早的一种接口，它由黄、白、红 3 种颜色的线组成，其中黄线为视频传输线，白色和红色则是负责左右声道的声音传输。

细心的读者可能会发现，这两款盒子均没有提供网线接口，其实小米公司的这两款产品为了更便携都取消了网线接口，为用户提供双频 2.4GHz/5GHz，802.11a/b/g/n/ac 标准的 WIFI 无线连接。增强版为用户提供的 WIFI 天线是 2×2 双天线，双收双发，小米盒子 3 则提供的是单天线。同时，两款产品都为用户提供了蓝牙功能，用户可以通过蓝牙实现盒子与其他设备间的数据共享。

9.2.4 天猫魔盒 M10

天猫魔盒 M10 如图 9-6 所示。该图中可以明显看出天猫魔盒 M10 除了与小米盒子 3 一样的 USB 接口、HDMI 接口、电源接口以及 AV 接口外还提供了网络接口，可以直接通过网线获取网络信号。同时，天猫魔盒 M10 也提供了 WIFI 支持。

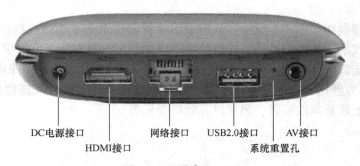

DC电源接口   网络接口   USB2.0接口   AV接口
HDMI接口   系统重置孔

图 9-6   天猫魔盒 M10

网络机顶盒的接口并不复杂，使用起来很方便。由于网络机顶盒都搭载了操作系统，市场上搭载 Android 操作系统的设备相对较多，所以更多的功能是用户通过遥控器与操作系统进行交互来完成的。网络机顶盒的功能都比较强大，类似于一款智能手机，用户可以通过蓝牙或者 USB 将手柄等设备与网络机顶盒连接，享受游戏带来的愉悦，也可以进行网上购物，浏览网页，看电子书以及浏览本地视频或者照片等。未来的发展方向将是互联网、电信网以及广播电视网的三网融合。随着 4G、5G 技术的发展，网络机顶盒与电信网的融合将使其功能发挥到极致，为用户提供前所未有的便捷与生活体验。

本节中只对几款采用 Cortex - A9 及更高版本 ARM 处理器的网络机顶盒在硬件方面进行了简单的比较，更详细的性能参数读者可以在相应的官方网站查询。对于读者来说，更重要的是掌握网络机顶盒原理结构方面的知识。

本 章 小 结

本章以 Cortex - A9 及更高版本 ARM 处理器为基础，介绍了几种系统应用案例，包括华为荣耀畅玩 5x 4G 手机、网络机顶盒的功能原理和硬件结构。这些应用方案都充分发挥了 ARM 处理器的高性能、丰富的接口、低功耗等特点，为进一步应用提供了技术方案参考。

思 考 题

1) 本章提到的哪几款网络机顶盒应用了 Cortex - A9 处理器？
2) 网络机顶盒有哪些主要功能？
3) 通过查阅资料阐述 Cortex - A9 在网络机顶盒中的具体应用。

附录　ARM 处理器的 CP15 协处理器

ARM 处理器的 CP15 协处理器用于系统存储管理，即 MMU 功能的实现。

1. 协处理器指令

在 MMU 管理中需要使用到的两条协处理器指令：

MCR{cond}　　coproc,opcode1,Rd,CRn,CRm,opcode2

MRC{cond}　　coproc,opcode1,Rd,CRn,CRm,opcode2

coproc：指令操作的协处理器名，标准名为 Pn，n 为 0~15。

opcode1：指协处理器的特定操作码。对于 CP15 寄存器来说，opcode1 永远为 0，不为 0 时，操作结果不可预知。

Rd：作为目标寄存器的 ARM 寄存器。

CRn：存放第 1 个操作数的协处理器寄存器。

CRm：存放第 2 个操作数的协处理器寄存器（用来区分同一个编号的不同物理寄存器，当不需要提供附加信息时，指定为 C0）。

opcode2：可选的协处理器特定操作码（用来区分同一个编号的不同物理寄存器，当不需要提供附加信息时，指定为 0）。

2. 协处理器 CP15 对应的寄存器

CP15 可以包含 16 个 32 位的寄存器，其编号为 0~15。实际上对于某些编号的寄存器可能对应有多个物理寄存器，在指令中指定特定的标志位来区分这些物理寄存器。有些类似于 ARM 寄存器，处于不同的处理器模式时，ARM 某些寄存器可能不同。

CP15 的寄存器见附表 1-1 所示。

附表 1-1　CP15 的寄存器

寄存器编号	基 本 作 用	在 MMU 中的作用	在 PU 中的作用
0	ID 编码（只读）	ID 编码和 cache 类型	
1	控制位（可读写）	各种控制位	
2	存储保护和控制	地址转换表基地址	Cachability 的控制位
3	存储保护和控制	域访问控制位	Bufferablity 控制位
4	存储保护和控制	保留	保留
5	存储保护和控制	内存失效状态	访问权限控制位
6	存储保护和控制	内存失效地址	保护区域控制
7	高速缓存和写缓存	高速缓存和写缓存控制	
8	存储保护和控制	TLB 控制	保留
9	高速缓存和写缓存	高速缓存锁定	

（续）

寄存器编号	基 本 作 用	在 MMU 中的作用	在 PU 中的作用
10	存储保护和控制	TLB 锁定	保留
11	保留		
12	保留		
13	进程标识符	进程标识符	
14	保留		
15	因不同设计而异	因不同设计而异	因不同设计而异

（1）CP15 的寄存器 C0

CP15 中的寄存器 C0 对应两个标识符寄存器，由访问 CP15 中的寄存器指令中的 opcode2 指定要访问哪个具体物理寄存器，opcode2 与两个标识符寄存器的对应关系见附表 1-2 所示。

附表 1-2　opcode2 与两个标识符寄存器的对应关系

opcode2 编码	对应的标识符号寄存器
0b000	主标识符寄存器
0b001	cache 类型标识符寄存器
其他	保留

主标识符寄存器的访问指令如下：

MRC P15，0，R0，C0，C0，0；将主标示符寄存器的内容读到 ARM 寄存器 R0 中。

主标示符的编码格式对于不同的 ARM 处理器版本有所不同。对于 AMR7 之后的处理器，其主标示符编码格式见附表 1-3。

附表 1-3　主标示符编码格式

31 – 24	23 – 20	19 – 16	15 – 4	3 – 0
由生产商确定	产品子编号	ARM 体系版本号	产品主编号	处理器版本号

各部分的编码详细含义见附表 1-4。

附表 1-4　主标示符编码详细含义列表

位	说　明
位 [3：0]	生产商定义的处理器版本号
位 [15：4]	生产商定义的产品主编号 其中最高 4 位即位 [15：12] 可能的取值为 0x0 ~ 0x7 但不能是 0x0 或 0x7 因为 0x0 表示 ARM7 之前的处理器；0x7 表示 ARM7 处理器
位 [19：16]	ARM 体系的版本号，可能的取值如下： 0x1 表示 ARM 体系版本 4 0x2 表示 ARM 体系版本 4T 0x3 表示 ARM 体系版本 5 0x4 表示 ARM 体系版本 5T 0x5 表示 ARM 体系版本 5TE 其他由 ARM 公司保留将来使用

（续）

位	说　明
位［23：20］	生产商定义的产品子编号。当产品主编号相同时，使用子编号来区分不同的产品子类，如产品中不同的高速缓存的大小等
位［31：24］	生产厂商的编号，现在已经定义的有以下值： 0x41 ='A' 代表 ARM 公司 0x44 ='D' 代表 Digital Equipment 公司 0x69 ='I' 代表 intel 公司

cache 类型标识符寄存器访问指令如下：

MRC P15,0,R0,C0,C0,1;将 cache 类型标识符寄存器的内容读到 ARM 寄存器 R0 中

ARM 处理器中 cache 类型标识符寄存器的编码格式见附表 1-5。

附表 1-5　cache 类型标识符寄存器的编码格式

31 - 29	28 - 25	24	23 - 12	11 - 0
000	写回类型 cache 的相关属性	S	数据 cache 相关属性	指令 cache 相关属性

各部分的编码详细含义见附表 1-6。

附表 1-6　cache 类型标识符寄存器的编码详细含义列表

位	含　义
位［28：25］	主要用于定义对于写回类型的 cache 的一些属性
位［24］	定义系统中的数据 cache 和指令 cache 是分开的还是统一的： 0 代表系统的数据 cache 和指令 cache 是统一的； 1 代表系统的数据 cache 和指令 cache 是分开的
位［23：12］	定义数据 cache 的相关属性 如果位［24］为 0，本字段定义整个 cache 的属性
位［31：24］	定义指令 cache 的相关属性 如果位［24］为 0，本字段定义整个 cache 的属性

其中，控制字段位［28：25］主要用于定义对于写回类型的 cache 的一些属性，写回类型 cache 相关属性（位［28：25］）的定义见附表 1-7。

附表 1-7　写回类型 cache 相关属性（位［28：25］）的定义

编码	cache 类型	cache 内容清除方法	cache 内容锁定方法
0b0000	写回类型	不需要内容清除	不支持内容锁定
0b0001	写回类型	数据块读取	不支持内容锁定
0b0010	写回类型	由寄存器 C7 定义	不支持内容锁定
0b0110	写回类型	由寄存器 C7 定义	支持格式 A
0b0111	写回类型	由寄存器 C7 定义	支持格式 B

控制字段位 [23：12] 用于定义数据 cache 的属性，控制字段位 [11：0] 用于定义指令 cache 的属性，编码含义见附表 1-8。

附表 1-8 位 [11：0] 编码含义

11－9	8－6	5－3	2	1－0
000	cache 容量	cache 相联特性	M	块大小

其中位 [1：0] 的编码含义见附表 1-9。

附表 1-9 位 [1：0] 编码含义

编码	cache 块大小
0b00	2 个字（8 字节）
0b01	4 个字（16 字节）
0b10	8 个字（32 字节）
0b11	16 个字（64 字节）

其中位 [5：3] 的编码含义见附表 1-10。

附表 1-10 位 [5：3] 编码含义

编码	M＝0 时含义	M＝1 时含义
0b000	1 路 相联（直接映射）	没有 cache
0b001	2 路 相联	3 路 相联
0b010	4 路 相联	6 路 相联
0b011	8 路 相联	12 路 相联
0b100	16 路 相联	24 路 相联
0b101	32 路 相联	48 路 相联
0b110	64 路 相联	96 路 相联
0b111	128 路相联	192 路相联

其中位 [8：6] 的编码含义见附表 1-11。

附表 1-11 位 [8：6] 编码含义

编码	M＝0 时含义	M＝1 时含义
0b000	0.5KB	0.75KB
0b001	1KB	1.5KB
0b010	2KB	3KB
0b011	4KB	6KB
0b100	8KB	12KB
0b101	16KB	24KB
0b110	32KB	48KB
0b111	64KB	96KB

（2）CP15 的寄存器 C1

CP15 中的寄存器 C1 是一个控制寄存器，它包括以下控制功能：

1）禁止或使能 MMU 以及其他与存储系统相关的功能。

2）配置存储系统以及 ARM 处理器中的相关部分的工作。

指令如下：

MCR P15，0，R0，C1，C0{，0}；将 CP15 的寄存器 C1 的值读到 R0 中

MCR P15，0，R0，C1，C0{，0}；将 R0 的值写到 CP15 的寄存器 C1 中

CP15 中的寄存器 C1 的编码格式及含义见附表 1-12。

附表 1-12　CP15 中的寄存器 C1 的编码格式及含义说明

C1 中的控制位	含　义
M（bit［0］）	0：禁止 MMU 或者 PU 1：使能 MMU 或者 PU 如果系统中没有 MMU 及 PU，读取时该位返回 0，写入时忽略该位
A（bit［1］）	0：禁止地址对齐检查 1：使能地址对齐检查
C（bit［2］）	当数据 cache 和指令 cache 分开时，本控制位禁止/使能数据 cache。当数据 cache 和指令 cache 统一时，该控制位禁止/使能整个 cache。 0：禁止数据/整个 cache 1：使能数据/整个 cache 如果系统中不含 cache，读取时返回 0，写入时忽略 当系统中不能禁止 cache 时，读取时返回 1，写入时忽略
W（bit［3］）	0：禁止写缓冲 1：使能写缓冲 如果系统中不含写缓冲时，读取时返回 0，写入时忽略 当系统中不能禁止写缓冲时，读取时返回 1，写入时忽略
P（bit［4］）	对于向前兼容 26 位地址的 ARM 处理器，本控制位控制 PROG32 控制信号 0：异常中断处理程序进入 32 位地址模式 1：异常中断处理程序进入 26 位地址模式 如果本系统中不支持向前兼容 26 位地址，读取该位时返回 1，写入时忽略
D（bit［5］）	对于向前兼容 26 位地址的 ARM 处理器，本控制位控制 DATA32 控制信号 0：禁止 26 位地址异常检查 1：使能 26 位地址异常检查 如果本系统中不支持向前兼容 26 位地址，读取该位时返回 1，写入时忽略
L（bit［6］）	对于 ARMv3 及以前的版本，本控制位可以控制处理器的中止模型 0：选择早期中止模型 1：选择后期中止模型
B（bit［7］）	对于存储系统同时支持 big-endian 和 little-endian 的 ARM 系统，本控制位配置系统的存储模式为： 0：little endian 1：big endian 对于只支持 little-endian 的系统，读取时该位返回 0，写入时忽略 对于只支持 big-endian 的系统，读取时该位返回 1，写入时忽略

（续）

C1 中的控制位	含　义
S（bit［8］）	在基于 MMU 的存储系统中，本位用作系统保护
R（bit［9］）	在基于 MMU 的存储系统中，本位用作 ROM 保护
F（bit［10］）	由生产商定义
Z（bit［11］）	对于支持跳转预测的 ARM 系统，本控制位禁止/使能跳转预测功能 0：禁止跳转预测功能 1：使能跳转预测功能 对于不支持跳转预测的 ARM 系统，读取该位时返回 0，写入时忽略
I（bit［12］）	当数据 cache 和指令 cache 是分开的，本控制位禁止/使能指令 cache 0：禁止指令 cache 1：使能指令 cache 如果系统中使用统一的指令 cache 和数据 cache 或者系统中不含 cache，读取该位时返回 0，写入时忽略。当系统中的指令 cache 不能禁止时，读取时该位返回 1，写入时忽略
V（bit［13］）	对于支持高端异常向量表的系统，本控制位控制向量表的位置 0：选择低端异常中断向量 0x0～0x1c 1：选择高端异常中断向量 0xffff0000～0xffff001c 对于不支持高端异常向量表的系统，读取时该位返回 0，写入时忽略
PR（bit［14］）	如果系统中的 cache 的淘汰算法可以选择的话，本控制位选择淘汰算法 0：常规的 cache 淘汰算法，如随机淘汰 1：预测性淘汰算法，如 round－robin 淘汰算法 如果系统中 cache 的淘汰算法不可选择，写入该位时忽略。读取该位时，根据其淘汰算法是否可以比较简单地预测最坏情况返回 0 或者 1
L4（bit［15］）	对于 ARMv5 及以上的版本，本控制位可以提供兼容以前的 ARM 版本的功能 0：保持 ARMv5 以上版本的正常功能 1：将 ARMv5 以上版本与以前版本处理器兼容，不根据跳转地址的 bit［0］进行 ARM 指令和 Thumb 状态切换：bit［0］等于 0 表示 ARM 指令，等于 1 表示 Thumb 指令
Bits［31：16］）	这些位保留将来使用，应为 UNP/SBZP

（3）CP15 的寄存器 C2

C2 寄存器的别名为 Translation table base（TTB）register

C2 寄存器用来保存页表的基地址，即一级映射描述符表的基地址。其编码格式见附表 1-13。

附表 1-13　C2 寄存器编码格式

31－0
一级映射描述符表的基地址（物理地址）

（4）CP15 的寄存器 C3

CP15 中的寄存器 C3 定义了 ARM 处理器的 16 个域的访问权限，见附表 1-14。

附表1-14 CP15中寄存器C3的16个域

							31 – 0								
D15	D14	D13	D12	D11	D10	D9	D8	D7	D6	D5	D4	D3	D2	D1	D0

每个区域由两位构成，这两位说明了当前内存的检查权限：

00：当前级别下，该内存区域不允许被访问，任何的访问都会引起一个 domain fault，这时内存区域段描述符中的 AP 位无效；

01：当前级别下，该内存区域的访问必须配合该内存区域的段描述符中 AP 位进行权限检查；

10：保留状态；

11：当前级别下，对该内存区域的访问都不进行权限检查。这时内存区域段描述符中的 AP 位无效。

所以只有当相应域的编码为 01 时，才会根据 AP 位和协处理器 CP15 中的 C1 寄存器的 R、S 位进行权限检查。

（5）CP15 的寄存器 C5

CP15 的寄存器 C5 是存储访问失效状态寄存器，分为指令读取失效状态和数据读取失效状态。

MRC P15，0，< Rd > ，C5，C0，0;访问数据读取失效状态寄存器

MRC P15，0，< Rd > ，C5，C0，1;访问指令读取失效状态寄存器

编码格式见附表 1-15。

附表1-15 寄存器 C5 的编码格式

31 – 9	8	7 – 4	3 – 0
UNP/SBZP	0	域标识	状态标识

其中，域标识位 [7：4] 表示存放引起存储访问失效的存储访问所属的域。

状态标识位 [3：0] 表示存放引起存储访问失效的存储访问类型，该字段含义见附表 1-16（优先级由上到下递减）。

附表1-16 状态标识位 [3：0] 含义

引起访问失效的原因	状态标识	域标识	C6
终端异常（Terminal Exception）	0b0010	无效	生产商定义
中断向量访问异常（Vector Exception）	0b0000	无效	有效
地址对齐	0b00x1	无效	有效
一级页表访问失效	0b1100	无效	有效
二级页表访问失效	0b1110	有效	有效
基于段的地址变换失效	0b0101	无效	有效
基于页的地址变换失效	0b0111	有效	有效
基于段的存储访问中域控制失效	0b1001	有效	有效

（续）

引起访问失效的原因	状态标识	域标识	C6
基于页的存储访问中域控制失效	0b1101	有效	有效
基于段的存储访问中访问权限控制失效	0b1111	有效	有效
基于页的存储访问中访问权限控制失效	0b0100	有效	有效
基于段的 cache 预取时外部存储系统失效	0b0110	有效	有效
基于页的 cache 预取时外部存储系统失效	0b1000	有效	有效
基于段的非 cache 预取时外部存储系统失效	0b1010	有效	有效

（6）CP15 的寄存器 C6

CP15 中的寄存器 C6 是失效地址寄存器，其中保存了引起存储访问失效的地址，分为数据读取失效地址寄存器和指令读取失效地址寄存器。

MRC P15，0，Rd，C6，C0，0;访问数据读取失效地址寄存器
MRC P15，0，Rd，C6，C0，2;访问指令读取失效地址寄存器

编码格式见附表 1-17。

附表 1-17　寄存器 C6 的编码格式

31－0
失效地址（虚拟地址）

（7）CP15 的寄存器 C7

CP15 的寄存器 C7 用来控制 cache 和写缓存，它是一个只写寄存器，读操作将产生不可预知的后果。访问 CP15 的 C7 寄存器的指令格式如下所示：

MCR p15，0，Rd，C7，CRm，opcode_2;Rd、CRm 和 opcode_2 的不同取值组合,实现不同功能

（8）CP15 的寄存器 C8

CP15 的寄存器 C8 就是清除 TLB 内容的相关操作。它是一个只写的寄存器。

MCR p15,0,Rd,C8,CRm,opcode_2

Rd 中为要写入 C8 寄存器的内容；CRm 和 opcode_ 2 的不同组合决定指令执行的不同操作，见附表 1-18。

附表 1-18　CRm 和 opcode_ 2 的不同组合

指　令	Rd	含　义
MCR P15，0，Rd，C8，C5，0	0	使无效整个指令 TLB
MCR P15，0，Rd，C8，C5，1	虚拟地址	使无效指令 TLB 中的单个地址变换条目
MCR P15，0，Rd，C8，C6，0	0	使无效整个数据 TLB
MCR P15，0，Rd，C8，C6，1	虚拟地址	使无效数据 TLB 中的单个地址变换条目
MCR P15，0，Rd，C8，C7，0	0	使无效整个数据和指令 TLB
MCR P15，0，Rd，C8，C7，1	虚拟地址	使无效数据和指令 TLB 中的单个地址变换条目

（9）CP15 的寄存器 C12

CP15 的寄存器 C12 用来设置异常向量基地址，其指令格式见附表 1-19。

MCR P15，0，Rd，C12，C0，0；Rd 中存放要修改的异常向量基地址。

附表 1-19　寄存器 C12 的指令格式

31 – 5	4 – 0
异常向量基地址	保留

注：只有 ARM11 和 Cortex – A 可以任意修改异常向量基地址。ARM 7、ARM9 和 ARM10 只可以在 0 地址或 0xFFFF0000 中。

（10）CP15 的寄存器 C13

CP15 中的寄存器 C13 用于快速上下文切换，其编码格式见附表 1-20。

附表 1-20　寄存器 C13 的编码格式

31 – 25	24 – 0
进程标识符 PID	0

访问寄存器 C13 的指令格式如下所示：

MCR P15，0，Rd，C13，C0，0

MRC P15，0，Rd，C13，C0，0

其中，在读操作时，结果中位［31：25］返回进程标识符 PID，其他位的数值是不可以预知的；写操作则将设置进程标识符 PID 的值。系统复位后 PID 即为 0。

参 考 文 献

[1] 张石，张新宇，鲍喜荣. ARM 嵌入式系统教程 [M]. 北京：机械工业出版社，2008.

[2] 廖义奎. Cortex - A9 多核嵌入式系统设计 [M]. 北京：中国电力出版社，2014.

[3] 王青云，梁瑞宇，冯月芹. ARM Cortex - A9 嵌入式原理与系统设计 [M]. 北京：机械工业出版社，2014.

[4] 刘洪涛，邹南. ARM 处理器开发详解：基于 ARM Cortex - A8 处理器的开发设计 [M]. 北京：电子工业出版社，2012.

[5] 杨福刚. ARM Cortex - A9 多核嵌入式系统开发教程 [M]. 西安：西安电子科技大学出版社，2016.

[6] 李宁. ARM Cortex - A8 处理器原理与应用 [M]. 北京：北京航空航天大学出版社，2012.

[7] 刘洪涛，甘炜国. ARM 处理器开发详解 [M]. 2 版. 北京：电子工业出版社，2014.

[8] 金国庆. Linux 程序设计 [M]. 2 版. 杭州：浙江大学出版社，2015.

[9] 曹江华. Linux 常用命令手册 [M]. 北京：电子工业出版社，2015.